江西理工大学著作出版基金资助

陀螺经纬仪定向精度及稳定性

刘小生　著

北　京
冶　金　工　业　出　版　社
2011

内容提要

本书共分8章，针对国产陀螺经纬仪定向精度不稳定问题进行了系统的理论与实验研究。书中用达朗伯原理推导了陀螺定向运动方程；用模糊数学原理建立了陀螺经纬仪稳定性评价数学模型，提出了一种定量分析陀螺经纬仪稳定性的有效方法，正确地评价了几台 GAK－1、TJ84、JT15、FT90 陀螺经纬仪的稳定性类型；研究了影响陀螺马达转速稳定的供电电压、频率及其对陀螺摆动中值稳定性的影响；研究了温度变化、磁场变化、振动、磁屏蔽等对陀螺摆动中值稳定性的影响；研究悬挂带、导流丝、陀螺马达等对零位进而对陀螺摆动中值稳定性的影响。最后提出了提高陀螺经纬仪定向精度及稳定性的具体措施。

本书可作为矿山测量、工程测量等相关专业本科生及研究生的参考书，同时可供从事陀螺经纬仪研究与制造的相关人员参阅。

图书在版编目（CIP）数据

陀螺经纬仪定向精度及稳定性/刘小生著．—北京：冶金工业出版社，2011.8

ISBN 978-7-5024-5683-2

Ⅰ．①陀…　Ⅱ．①刘…　Ⅲ．①陀螺经纬仪—定向—精度—稳定性　Ⅳ．①TH761.101

中国版本图书馆 CIP 数据核字（2011）第 145703 号

出 版 人　曹胜利

地　　址　北京北河沿大街嵩祝院北巷 39 号，邮编 100009

电　　话　(010)64027926　电子信箱　yjcbs@cnmip.com.cn

责任编辑　杨盈园　美术编辑　李　新　版式设计　孙跃红

责任校对　石　静　责任印制　李玉山

ISBN 978-7-5024-5683-2

北京百善印刷厂印刷；冶金工业出版社发行；各地新华书店经销

2011 年 8 月第 1 版，2011 年 8 月第 1 次印刷

850mm×1168mm　1/32；4 印张；104 千字；118 页

19.00 元

冶金工业出版社发行部　电话：(010)64044283　传真：(010)64027893

冶金书店　地址：北京东四西大街 46 号(100010)　电话：(010)65289081(兼传真)

（本书如有印装质量问题，本社发行部负责退换）

前　言

陀螺经纬仪是将陀螺仪和经纬仪结合在一起并利用陀螺力学原理制成的一种定向仪器。目前它已被广泛应用于矿山、铁道、森林、军事和地下工程等部门和行业的定向测量。由于它的使用不受时间、地点和环境条件的限制，同时观测简单方便、效率高，而且能保证较高的定向精度，所以它是一种省时、省力、先进的定向仪器。

目前，我国进口的陀螺经纬仪有德国的KT－1、瑞士的GAK－1、匈牙利的Gi－C11、Gi－B1等型号；国产陀螺经纬仪有DJ6－T60、JT60、DJ2－T20、JT15、TJ84、FT90、DTJ－Ⅱ、TJ83、TJ707、Y/JTD－1、AGT－1等型号。然而通过生产单位的实际定向使用，一般都认为国产陀螺经纬仪与进口同精度的仪器相比，表现为陀螺定向时零位和精度不够稳定，可靠性较差，以致我国重要工程的陀螺定向几乎都采用国外GAK－1等陀螺经纬仪。

为什么国产陀螺经纬仪定向精度会不稳定，陀螺经纬仪定向精度的稳定性与其供电电压、频率、温度、磁场、振动、磁屏蔽、悬挂带、导流丝有何关系，关于这些问题，本书不仪进行了系统的理论研究，而且还通过实验进行了验证，并在此基础上提出了提高陀螺定向精度及稳定性的具体措施。所有这些对国产陀螺经纬仪的研制以及陀螺定向应用都具有指导意义。

另外，由于电子技术的飞速发展，国内外已研制了自动化陀螺仪或陀螺全站仪，如德国的 Gyromat－2000、Gyromat－3000、日本的 AGP1、我国的 Y/JTD－1、GAT 等，为此本书把这些仪器作为附录进行了介绍。

本书由江西理工大学教授刘小生博士所著，书中附录 E：GAT 高精度磁悬浮陀螺全站仪资料由长安大学杨志强教授提供。

在本书出版之际，特别感谢煤炭科学研究总院唐山分院范俊智高级工程师及同仁的支持和帮助。由于作者水平有限，书中如有不妥之处，恳请专家和读者批评指正。

作 者
2011 年 5 月

目　录

1 绪论及陀螺运动方程

1.1 绪论

1.1.1 陀螺经纬仪的发展概述[1]

陀螺经纬仪由陀螺仪和经纬仪两部分组成。经纬仪 1730 年由英国人发明，经过金属经纬仪的漫长过程，20 世纪 20 年代发展为光学经纬仪，20 世纪 60 年代后期以来进入电子经纬仪阶段，进而成为电子速测仪，现已相当先进，并在向智能化方向发展。陀螺仪是陀螺经纬仪的主体，主导着整机的发展进程。陀螺仪的原理由法国物理学家傅科（Foucault）1852 年提出，1906 年德国人安休茨（H. Anschutz）制成航海陀螺罗盘，1911 年美国人斯派利（Sperry）完成了类似的工作，从而为测量陀螺仪的出现奠定了基础。为了适应矿山开发的需要，1920 年德国人舒勒（M. Schuler）试制测量陀螺仪，1921 年第一台矿山测量陀螺仪样机诞生。但是真正把它应用于实际测量定向，还是自 20 世纪 50 年代以后，首先在德国，继之为原苏联、英国、匈牙利、瑞士、美国、中国及日本等先后开展了陀螺经纬仪的研究和开发，用以解决矿山测量、工程测量及军事上的测量定向问题，至今已有 60 多年的发展史了。在这段历史中，陀螺仪的发展大体可分为四个阶段。

第一阶段，20 世纪 50 年代在航海陀螺罗盘的基础上研制出矿用液浮式陀螺罗盘，这是陀螺经纬仪发展的初级阶段。这阶段的仪器笨重庞大，定向时间长，精度低。其典型仪器有德国的 MW1、MW2、MW3、MW4，前苏联的 M－1、M－2、MYT－2

和 MB 等。

第二阶段，20 世纪 60 年代开始，在矿用陀螺罗盘的基础上发展成陀螺经纬仪。其中较大的改进是停止使用液浮式陀螺球、电磁定中心的结构形式。利用金属悬挂陀螺灵敏部在经纬仪空心竖轴之下，悬挂带上固定端与经纬仪的壳体相固联，采用导流丝直接供电方式，仪器内部结构大为简化，取消了电磁线圈，电能消耗降低；采用携带式蓄电池组和晶体管变流器，使仪器进一步小型化，质量减轻，并相应提高了仪器的观测精度，一次定向所需要的时间由原来的 2 ~ 5h，缩短为 0. 5 ~ 1h。代表性的仪器有德国的 KT - 1、KT - 2、匈牙利的 Gi - B1、Gi - B2、前苏联的 MT - 1、中国的 DTJ - Ⅱ 等陀螺仪。

第三阶段，从 20 世纪 70 年代初以来，由于陀螺技术不断发展，精密小型陀螺元件的出现，考虑到矿山测量定向精度要求和作业环境的特点，开发了跨放在经纬仪支架上的陀螺附件，又叫上架式陀螺经纬仪。该仪器的陀螺部分仍采用金属悬挂陀螺灵敏部的结构形式，因陀螺马达小型化，消耗功率较低，所以仪器的体积进一步减小，质量减轻。典型的仪器有瑞士的 GAK - 1、匈牙利的 Gi - C11、日本的 GP - 1、德国的 TK - 4、我国的 JT15、TJ84、FT90 等陀螺经纬仪。

第四阶段，进入 20 世纪 70 年代后，由于电子技术和计算机技术的高速发展，为了减轻观测者的劳动强度，研究了各种自动化陀螺仪，如德国的 Gyromat - 2000、Cyromat - 3000、日本的 AGP1、我国的 GAT、Y/JTD - 1 等，可以预见陀螺经纬仪今后将向着可靠精密、小型快速和完全自动化的方向发展。

1. 1. 2 陀螺经纬仪定向研究现状综述

上面概述了陀螺仪的发展简史，但是要完成高精度方位基准的测定即定向，并不能单靠硬件来实现，因为有以下几个因素的限制：

(1) 机器加工有一定的极限，使仪器的公差必然地存在。

（2）电子元件的稳定性与老化问题。

（3）环境的不稳定性。

（4）人为造成的误差。

为了实现高精度定向及应用，国内外众多学者作了不懈的努力，其主要研究工作分以下 3 个方面：

（1）仪器的改进与研制：这方面的研究主要目的在于提高仪器的精度和稳定性，减轻质量，缩小体积，缩短观测时间，减少系统误差的影响，提高仪器的自动化程度。它是陀螺仪将来发展的根本前途。近些年来这方面已取得了不少成果，具体表现一方面是对现有仪器进行改进，如中南大学张学庄教授等把 JT15 陀螺经纬仪改造成了 AGT－1 自动陀螺经纬仪系统[2]；另一方面研制了新的半自动或全自动陀螺经纬仪，如德国 WBK 厂已生产出 Gyromat－2000[3]、Gyromat－3000 全自动陀螺经纬仪[4]，其一次定向精度为 ±3.2″，定向时间为 7min；日本 SOKKIA 厂已生产出 ACP1 全自动陀螺全站仪[5]；我国也生产有半自动或全自动陀螺仪，如长安大学和中国航天部一院 16 所生产的 GAT 高精度磁悬浮陀螺全站仪，其一次定向精度为 ±5″，定向时间为 8min；解放军 1001 厂生产的 Y/JTD－1 陀螺经纬仪[6]等。

（2）观测方法和数据处理研究：这项研究的目的一是为实际陀螺定向提供简单合理、精度和可靠性较高的观测方法和数据处理公式；二是为陀螺仪研究制造者提供可靠的分析结果，以便进一步改造仪器的性能。就观测方法而言，大致可分为两类[7]：一类是跟踪法，另一类是非跟踪法。其中跟踪法又包括适用于各种型号陀螺经纬仪的逆转点法和仅适用于悬挂带扭矩大于陀螺力矩的陀螺经纬仪的阻尼法[8]。而非跟踪法又可分两大类：一类是既测穿过时间，又测摆幅，如中天法，计时摆幅法Ⅰ；另一类是穿过时间或摆幅只测一种，其中只测摆幅的观测方法是摆幅法；只测穿过时间的方法有计时摆幅法Ⅱ、对称计时法、快速三点法[9]、三点测时法、多点测时法[10]等。就数据处理而言，它是为了在现有观测数据的基础上获得更好的结果。过去由于受仪器精度及计算机的限制，一般都是用简单公式进行处理，然而近几年随着计算机技术的飞速发展，陀螺定向的数据处理模型不仅考虑了观测值的偶然误差，而且还考虑了相关的系统性扰动误差、随机漂移等误差影响[11,12]，另外随着自动化陀螺经纬仪的涌现，出现了积分法等数据处理方法[13]。

（3）陀螺经纬仪应用方面的研究：由于受仪器水平的限制，过去陀螺经纬仪主要用于矿井定向和井下导线中加测陀螺边，然而随着陀螺经纬仪精度的提高，陀螺经纬仪的应用已越来越广泛，如在我国陀螺仪已用于各地隧道、地铁施工及导弹发射等需要高精度定向的地方[14,15]，在国际上德国生产的 Gyromat 陀螺仪指导了英法 43km 长的海底隧道施工，使得隧道贯通横向误差为 0. 361m，纵向误差 0. 069m，高程误差为 0. 058m；又如美国制造的四位陀螺罗盘为美国高级惯性实验室、导弹发射等建立了一等天文测量精度的绝对方位基准。

1.1.3 研究的内容及意义

从前面综述中可知，在陀螺经纬仪定向及应用的 3 个研究方向中，陀螺经纬仪的应用完全取决于陀螺经纬仪的精度及稳定性，只有稳定性好和精度高的陀螺经纬仪才能被广泛应用，如瑞士 GAK－1 陀螺仪就是实例。关于陀螺经纬仪定向的观测方法和数据处理，从国内外的文献来看，在用中等以上精度的陀螺经纬仪定向时，定向结果表明各种观测方法，既无论是跟踪法，还是固定经纬仪照准部的各种计时法，定向精度大致相当[7]。同样采用不同的数据处理模型对陀螺定向观测值进行数据处理时，精度也无明显差别[16,17]。由此可见要提高陀螺经纬仪定向精度和推广陀螺经纬仪的应用，关键是要提高陀螺经纬仪的精度及稳定性，特别是稳定性研究，作者认为对国产陀螺经纬仪尤为重要。因为我国自 20 世纪 50 年代末开展陀螺经纬仪研究以来，先后有多家高校、科研院所和生产厂家试制和生产过陀螺经纬仪，即使在目前仍然有煤炭科学研究总院唐山分院、徐州光学仪器厂、天津七〇七所、西安测绘研究所、长安大学、解放军1001厂等单位生产十几种型号的陀螺仪，其仪器的标称精度最高达一次定向中误差为±5″，最低也达到±60″，仪器既有普通手工操作的，又有半自动或全自动的。然而通过生产单位的实际使用，普遍反映国产陀螺仪与国外同精度的仪器相比，表现为零位和精度不够稳定，可靠性较差，以致我国重要工程的陀螺定向几乎被国外GAK－1及Gyromat－2000等仪器所垄断。

为什么国产陀螺经纬仪会不稳定，陀螺经纬仪的稳定性与其陀螺马达供电电压、频率、振动、温度和外界磁场有何关系，陀螺经纬仪的零位稳定性与哪些因素有关，关于以上问题，目前国内外很少有报道，即使进行了一些讨论，也主要是在数量上找规律，没有从影响机理上进行研究。为了提高陀螺经纬仪的精度及稳定性，本书进行了系统的理论和实验研究。另外为了使讨论的问题具有完整性，本书先用动静法推导了陀螺定向运动方程，其次提出了检验陀螺经纬仪稳定性的方法和标准，并用模糊数学原理对陀螺经纬仪的稳定性进行了评价。

1.2 陀螺定向运动微分方程

为了从理论上分析陀螺经纬仪的稳定性，必须要知道陀螺定向运动方程，过去一般采用欧拉动力方程来推导其运动方程，但考虑到此方法不仅不直观，而且推导繁琐，因此作者采用了简便的动静法（达朗伯原理）来推导。

1.2.1 达朗伯原理简介[18]

达朗伯原理就是把动力学问题从形式上转化为静力学问题，应用静力学的理论和方法求解。

设有一非自由质点，质量为 m，受有主动力 $\boldsymbol{F}$ 和约束反力 $\boldsymbol{R}$，而运动加速度为 $\boldsymbol{a}$，根据牛顿第二定律，该质点的运动方程为

$$\boldsymbol{F}+\boldsymbol{R}=m\boldsymbol{a}$$

或

$$\boldsymbol{F}+\boldsymbol{R}-m\boldsymbol{a}=0 \tag{1-1}$$

若令 $\boldsymbol{Q}=-m\boldsymbol{a}$ 并称为惯性力，则式（1-1）为

$$\boldsymbol{F}+\boldsymbol{R}+\boldsymbol{Q}=0 \tag{1-2}$$

即作用在质点上的主动力和约束力及假想的惯性力在形式上构成平衡力系，这就是达朗伯原理。

如果物体作转动运动，则在作用于物体的外力矩之外，另加上惯性力矩，即可使动力学问题变为静力学问题求解。其中转动惯性力矩 $\boldsymbol{M}_{惯}$ 的方向与角加速度 $\boldsymbol{\varepsilon}$ 的方向相反，其表达式为

$$\boldsymbol{M}_{惯}=-J\boldsymbol{\varepsilon} \tag{1-3}$$

另外，由于陀螺仪具有动量矩 $\boldsymbol{H}$，当有外力矩 $\boldsymbol{M}$ 时，陀螺仪出现角速度 $\boldsymbol{\omega}$，其方向按右手旋进规则确定，表达式为 $\boldsymbol{M}=\boldsymbol{\varepsilon}\times\boldsymbol{H}$。

1.2.2 坐标系及角速度

设悬挂式陀螺经纬仪架在地理纬度为 φ 的地球表面某一点，使用时仪器基座相对地面不动，陀螺房与悬挂带的接点为 O，通过 O 作固定在地球上的坐标系，OX 沿水平方向指向北，OY 沿着水平方向指向西，OZ 垂直向上，如图 1-1 所示，再设沿着各轴的单位向量分别是 $\boldsymbol{i}_{\mathrm{I}}$、$\boldsymbol{j}_{\mathrm{I}}$、$k_{\mathrm{I}}$，则地球自转角速度 $\boldsymbol{\omega}_{\mathrm{IE}}$ 在这个坐标系上的投影为

$$\boldsymbol{\omega}_{\mathrm{IE}}=\boldsymbol{\omega}_{\mathrm{IE}}\cos\varphi\boldsymbol{i}_{\mathrm{I}}+0\cdot\boldsymbol{j}_{\mathrm{I}}+\boldsymbol{\omega}_{\mathrm{IE}}\sin\varphi\cdot k_{\mathrm{I}} \tag{1-4}$$

设另有一动坐标 $Oxyz$ 固定在陀螺房上，其原点也是 O（位于悬挂带与陀螺房交点）点，Ox 轴与陀螺转子轴平行，指向与转子自转动量矩 $\boldsymbol{H}$ 一致，Oz 轴沿陀螺的垂直回转轴，Oy 在转子赤道面内，指向按右手系确定。

一般认为固定在地球上的动坐标系 Ox 为陀螺仪轴应找的方向，当陀螺仪轴偏离了子午线 Ox 方向时，可以用 α、β 角来描述它，α 角为水平面内转子轴方向 Ox 对子午面的偏角，β 为

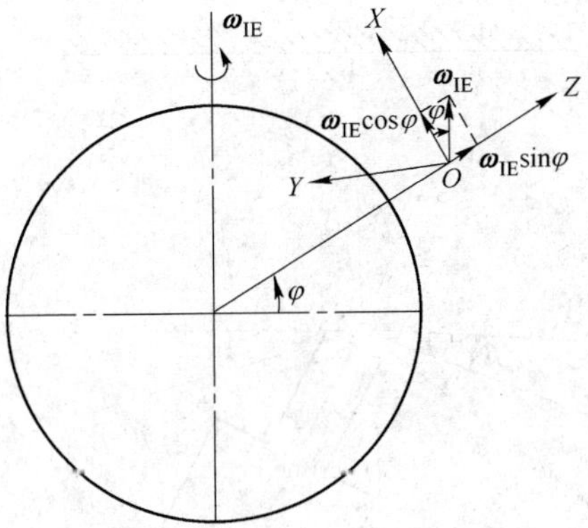

图 1-1 地球自转矢量的分解

铅垂面内转子轴方向 Ox 对水平面的偏角。可见要确定陀螺仪转子轴的位置需要两个独立的变量，即动坐标系 $Oxyz$ 第一次绕 Oz 轴转动 α 角，到达 $Ox_1y_1z_1$ 的位置，第二次绕 Oy_1 轴转动 β 角，到达 $Oxyz$ 的位置，如图 1-2 所示，相应的变换矩阵为

$$\boldsymbol{C}_x^{x_1}(\alpha)=\begin{pmatrix}\cos\alpha & \sin\alpha & 0\\ -\sin\alpha & \cos\alpha & 0\\ 0 & 0 & 1\end{pmatrix} \tag{1-5}$$

$$\boldsymbol{C}_{x_1}^{x}(\beta)=\begin{pmatrix}\cos\beta & 0 & \sin\beta\\ 0 & 1 & 0\\ -\sin\beta & 0 & \cos\beta\end{pmatrix} \tag{1-6}$$

由 $OXYZ$ 到 $Oxyz$ 的总变换矩阵为

$$\boldsymbol{C}_X^x=\boldsymbol{C}_{x_1}^x\cdot\boldsymbol{C}_x^{x_1} \tag{1-7}$$

把式（1-5）、式（1-6）代入式（1-7）得

$$\boldsymbol{C}_X^x=\begin{pmatrix}\cos\alpha\cdot\cos\beta & \sin\alpha\cdot\cos\beta & \sin\beta\\ -\sin\alpha & \cos\alpha & 0\\ -\cos\alpha\cdot\sin\beta & -\sin\alpha\cdot\sin\beta & \cos\beta\end{pmatrix} \tag{1-8}$$

设沿 $Oxyz$ 坐标系各轴的单位向量分别为 $\boldsymbol{i}$、$\boldsymbol{j}$、$\boldsymbol{k}$，则地球自

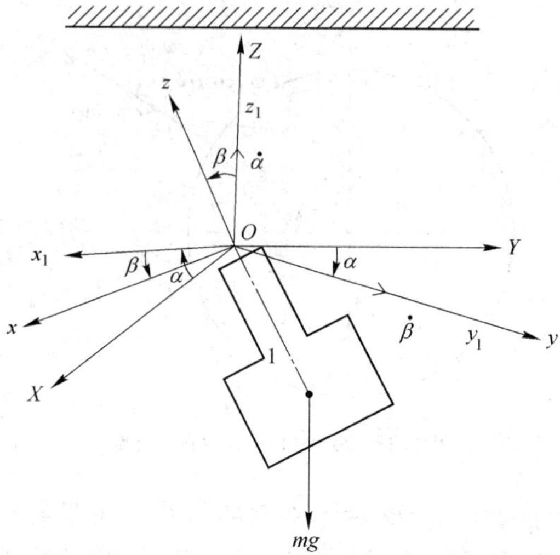

图 1-2 陀螺仪轴对地球的相对运动

转角速度 $\boldsymbol{\omega}_{\mathrm{IE}}$ 在动坐标系 $Oxyz$ 中的表达式为

$$\boldsymbol{\omega}_{\mathrm{IE}}=(\boldsymbol{\omega}_{\mathrm{IE}}\cos\varphi \quad 0 \quad \boldsymbol{\omega}_{\mathrm{IE}}\sin\varphi)\boldsymbol{C}_X^x\begin{pmatrix}\boldsymbol{i}\\ \boldsymbol{j}\\ \boldsymbol{k}\end{pmatrix} \tag{1-9}$$

把式（1-8）代入式（1-9）得

$$\omega_{\mathrm{IE}}=\begin{pmatrix}\boldsymbol{\omega}_{\mathrm{IE}}\cos\varphi\cos\alpha\cos\beta-\boldsymbol{\omega}_{\mathrm{IE}}\sin\varphi\cos\alpha\sin\beta\\ \boldsymbol{\omega}_{\mathrm{IE}}\cos\varphi\sin\alpha\cos\beta-\boldsymbol{\omega}_{\mathrm{IE}}\sin\varphi\sin\alpha\sin\beta\\ \boldsymbol{\omega}_{\mathrm{IE}}\cos\varphi\sin\beta+\boldsymbol{\omega}_{\mathrm{IE}}\sin\varphi\cos\beta\end{pmatrix}^{\mathrm{T}}\begin{pmatrix}\boldsymbol{i}\\ \boldsymbol{j}\\ \boldsymbol{k}\end{pmatrix} \tag{1-10}$$

另外坐标系转动的角速度在 $Oxyz$ 中的表达式为

$$\boldsymbol{\omega}=(-\dot{\boldsymbol{\alpha}}\sin\beta \quad \dot{\boldsymbol{\beta}} \quad \dot{\boldsymbol{\alpha}}\cos\beta)\begin{pmatrix}\boldsymbol{i}\\ \boldsymbol{j}\\ \boldsymbol{k}\end{pmatrix} \tag{1-11}$$

考虑到 α、β、$\boldsymbol{\omega}_{\mathrm{IE}}$ 很小，因此可认为 $\sin\beta\approx\beta$、$\cos\beta\approx1$，而 β 与 $\boldsymbol{\omega}_{\mathrm{IE}}$ 或 α 的二次项乘积一般小于方程中最大项的 1%，故可忽略，因此，式（1-10）、式（1-11）可化简为

$$\boldsymbol{\omega}_{\mathrm{IE}}=\begin{pmatrix}\boldsymbol{\omega}_{\mathrm{IE}}\cos\varphi\cos\alpha\\ \boldsymbol{\omega}_{\mathrm{IE}}\cos\varphi\sin\alpha\\ \boldsymbol{\omega}_{\mathrm{IE}}\sin\varphi\end{pmatrix}^{\mathrm{T}}\begin{pmatrix}\boldsymbol{i}\\ \boldsymbol{j}\\ \boldsymbol{k}\end{pmatrix} \tag{1-12}$$

$$\boldsymbol{\omega}=\dot{\boldsymbol{\beta}}\boldsymbol{j}+\dot{\boldsymbol{\alpha}}\boldsymbol{k} \tag{1-13}$$

1.2.3　外力矩

1.2.3.1　重力矩

$$\boldsymbol{M}_{\mathrm{p}}=\boldsymbol{r}\times\boldsymbol{F}=\begin{pmatrix}\boldsymbol{i} & \boldsymbol{j} & \boldsymbol{k}\\ 0 & 0 & -l\\ mg\sin\beta & 0 & -mg\cos\beta\end{pmatrix}=-mg\sin\beta l\boldsymbol{j} \tag{1-14}$$

1.2.3.2　空气阻尼矩

设空气阻尼系数为 n，阻尼矩与摆动角速度大小成正比，方向与角速度方向相反，即 $\boldsymbol{M}_{\mathrm{N}}=-n\boldsymbol{\omega}=-n\dot{\boldsymbol{\beta}}\boldsymbol{j}-n\dot{\boldsymbol{\alpha}}\boldsymbol{k}$，由于 $n\dot{\boldsymbol{\beta}}$ 比 $n\dot{\boldsymbol{\alpha}}$ 小得多，因此

$$\boldsymbol{M}_{\mathrm{N}}=-n\dot{\boldsymbol{\alpha}}\boldsymbol{k} \tag{1-15}$$

1.2.3.3　悬挂带系扭矩

设悬挂带扭矩系数为 D_{B}，悬挂带初始零位为 $\Delta\alpha$，则扭力矩方向为 Oz 轴，大小为

$$\boldsymbol{M}_{\mathrm{D}}=D_{\mathrm{B}}\Delta\alpha\boldsymbol{k} \tag{1-16}$$

1.2.4　运动微分方程[19]

在列方程前，先确定 α、β、$\boldsymbol{\omega}_{\mathrm{IE}}$ 的符号，对于方位角 α 顺时针旋转即由 OX 轴向东为“+”，地球自转角速度 $\boldsymbol{\omega}_{\mathrm{IE}}$ 与 α 旋转方向相反即为“-”；对于高度角 β 俯角为“-”。于是可得 y 轴，z 轴上的惯性力矩、外力矩、陀螺力矩，如图 1-3 所示。

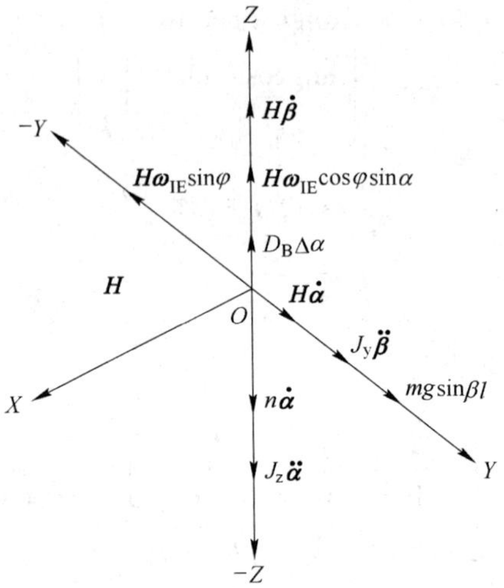

图 1-3 陀螺运动时力矩矢量

其中有坐标旋转角速度 $\dot{\boldsymbol{\alpha}}$ 和 $\dot{\boldsymbol{\beta}}$ 产生的陀螺动量矩 $\boldsymbol{H}\dot{\boldsymbol{\alpha}}$ 和 $\boldsymbol{H}\dot{\boldsymbol{\beta}}$，对应角加速度 $\ddot{\boldsymbol{\alpha}}$ 和 $\ddot{\boldsymbol{\beta}}$ 产生的惯性力矩项 $J_z\ddot{\boldsymbol{\alpha}}$ 和 $J_y\ddot{\boldsymbol{\beta}}$；地球自转角速度分量引起的陀螺力矩项 $\boldsymbol{H\omega}_{IE}\sin\varphi$ 和 $\boldsymbol{H\omega}_{IE}\cos\varphi\sin\alpha$。此外，还有外力矩项，包括重力矩 $mg\sin\beta l$，空气阻尼矩 $n\dot{\boldsymbol{\alpha}}$，悬挂带系扭矩 $D_B\Delta\alpha$ 等，各力矩的方向如图 1-3 所示。由图 1-3 可以知道，根据达朗伯原理可得陀螺运动微分方程

$$J_y\ddot{\boldsymbol{\beta}} - \boldsymbol{H\omega}_{IE}\sin\varphi + \boldsymbol{H}\dot{\boldsymbol{\alpha}} + mg\sin\beta l = 0 \tag{1-17}$$

$$-J_z\ddot{\boldsymbol{\alpha}} + \boldsymbol{H\omega}_{IE}\cos\varphi\sin\alpha - n\dot{\boldsymbol{\alpha}} + \boldsymbol{H}\dot{\boldsymbol{\beta}} + D_B\Delta\alpha = 0 \tag{1-18}$$

式中，J_y、J_z 分别是灵敏部绕 Oy 和 Oz 轴的转动惯量，$\boldsymbol{H}$ 为陀螺动量矩，其他符号意义同前。

另外，为了计算方便，式（1-18）两边乘以 −1 得

$$J_z\ddot{\boldsymbol{\alpha}} - \boldsymbol{H\omega}_{IE}\cos\varphi\sin\alpha + n\dot{\boldsymbol{\alpha}} - \boldsymbol{H}\dot{\boldsymbol{\beta}} - D_B\Delta\alpha = 0 \tag{1-19}$$

式（1-17）、式（1-19）即为陀螺定向运动微分方程。

2 陀螺经纬仪稳定性检测与评价

2.1 概述

根据我国测绘行业标准，对光电测距仪的检定已经有了一套完整的检测理论和测试方法。相比之下，对陀螺经纬仪的检测和评价很不全面，因为现行矿山测量规程规定，陀螺定向时只需测前测后测定陀螺仪的仪器常数。但是作者认为这样不十分可靠，因为，陀螺经纬仪是一种光、机、电相结合的精密仪器，它在内在的、外部的各种因素影响下，可能导致仪器光路、电路状态及其参数发生改变，而只测定仪器常数不一定能发现问题。针对这种情况，作者认为有必要建立一套检验陀螺经纬仪稳定性的方法和标准，以便保证陀螺定向结果的准确性。

另外，目前对陀螺经纬仪的稳定性评价主要停留在对技术指标检验数据的直接观察和主观推测上，尚缺乏一种全面、系统的定量分析方法，为此，本章还从仪器稳定性中的“稳定性”是属于模糊概念的实质出发，利用模糊数学原理，对几台中等精度的陀螺经纬仪进行了检测，并建立了陀螺仪稳定性综合评价数学模型，提出了一种定量分析陀螺仪稳定性的有效方法。

2.2 陀螺经纬仪的稳定性检测[20]

2.2.1 陀螺仪连接误差的测定

陀螺仪与经纬仪靠固定在照准部上的过渡支架来连接，每次定向都要把陀螺仪安置在经纬仪支架上，这样由于每次拆装连接而造成的方向误差成为陀螺仪的连接误差。连接误差的大小反映了陀螺经纬仪的稳定性。

为了测定陀螺仪连接误差，可在陀螺仪上安装一个附加望远镜，瞄准固定目标 T，而经纬仪的望远镜瞄准目标 B，每次安装陀螺仪后分别用望远镜瞄准目标 T 和 B，并读取水平度盘读数，两数之差应为一固定值 J，每次安装一次，测定此固定值 J，而 J 值的误差即为陀螺仪与经纬仪的连接误差。

作者对 3 台 FT90 及两台 TJ84 陀螺经纬仪进行了十次连接方向误差的测定，测试结果见表 2-1。

表 2-1 陀螺仪与经纬仪连接方向误差

仪器型号	FT90	FT90	FT90	TJ84	TJ84
仪器编号	347	769	981	1403	3370
一次连接方向中误差	±3.3″	±2.0″	±1.1″	±2.5″	±2.0″

另外文献［21］用 WilDT3 经纬仪对 3 台 JT15 陀螺仪样机进行了多次实际测试，求得其一次连接方向中误差均小于 ±2.0″。

由已检验的 8 台中等精度陀螺仪（陀螺方位角一次测定中误差在 10～30″间，下同）的连接误差可知，一次连接方向中误差均值为 ±2.2″。根据数理统计理论，采用中误差 2 倍作为允许误差，因此，对中等精度陀螺经纬仪来说，其连接误差稳定性的标准可规定 $m \leqslant 5''$，测量次数不小于 10 次。

参照以上标准，可确定高精度陀螺仪（陀螺方位角一次测定中误差小于 10″，下同）的连接误差允许中误差 $m \leqslant 2''$；低精度陀螺仪（陀螺方位角一次测定中误差在 30～60″间，下同）的连接误差允许中误差 $m \leqslant 10''$。

2.2.2 悬挂带弹性质量稳定性的测定

陀螺仪中的悬挂带是用来支撑可动的陀螺灵敏部，产生平衡的反作用力矩。对悬挂带材料的要求主要是弹性质量要稳定，其稳定性可由自由摆动周期 T_c 来判断。

悬挂带自由摆动周期

$$T_c = 2\pi\sqrt{\frac{J}{D_B}} \tag{2-1}$$

在式（2-1）中，J 为陀螺房绕竖轴的转动惯量，当陀螺转子结构确定后，它是个不变的值，D_B 为悬挂带扭矩系数，它与悬挂带长度、宽度、厚度、剪切模量及预拉力有关，当 D_B 发生变化即弹性质量不稳定时，自摆周期也会改变。

作者用电子秒表分别对 GAK－1、FT90、JT15 等陀螺仪进行了 10 个自由摆动周期的观测，表 2-2 列出了检测的陀螺仪自由摆动周期最大最小差值、均值及其中误差。

表 2-2 陀螺仪的自由摆动周期

仪 器	GAK－1	FT90	JT15	JT15	DJ2－T20	DJ6－T60	TJ84
编 号	20805	290769	06517	04939	77020	76575	2990
均值/s	58.80	69.51	51.48	48.80	26.12	38.84	54.64
最大最小互差/s	0.18	0.19	0.65	0.26	0.22	0.39	0.22
中误差/s	±0.06	±0.09	±0.20	±0.12	±0.07	±0.19	±0.06

根据自摆周期和零位改正公式可知，自由摆动周期变化对定向结果的影响可用式（2-2）求出，即

$$\Delta C = 2C \times \frac{\Delta T_C}{T_C} \tag{2-2}$$

式中 ΔC——自摆周期变化对定向的影响；

ΔT_C——自摆周期的变化量；

T_C——自摆周期的均值；

C——陀螺仪纬度系数，即 $a=1$ 时的零位改正数。

对于 JT15 陀螺仪来说，在长沙地区 $C\approx160''$，$T_C\approx50$s，因此当 $\Delta T_C=0.2$s 时，由式（2-2）可知 $\Delta C=1.3''$，同理当 $\Delta T_C=0.5$s 时，$\Delta C=3.2''$，$\Delta T_C=0.8$s 时，$\Delta C=5.1''$。

另外，根据表 2-2 可以看出，检测的中等精度陀螺仪其自摆周期测定中误差的平均值为 0.1s，最大与最小周期互差中误差为 0.2s。

综合以上几方面的因素可知，中等精度陀螺仪的悬挂带弹性质量稳定性标准应为自摆周期变化小于 0.5s；高精度陀螺仪变化应小于 0.2s；低精度陀螺仪不大于 0.8s。

2.2.3 悬挂带零位稳定性的检测

悬挂带零位是陀螺仪不运转时，陀螺灵敏部受悬挂带和导流丝扭力作用引起的扭摆停滞的状态，而扭摆的平衡位置就是扭力矩为零的位置，这个位置应调整到目镜分划板的零刻线上。如果在定向时，悬挂带零位偏离分划板零刻线，即存在零位偏差时，将对测定的陀螺方位角产生系统偏差。该偏差虽然可用加零位改正来消除，但这样做必须要求零位值稳定。然而实际上由于悬挂带和导流丝的安装情况、陀螺运转的振动和温升、外界气温的变化以及释放和锁紧陀螺时悬挂带和导流丝弹性后效等因素的影响，使得零位值会发生变化，具体表现是陀螺定向时测前和测后零位不一致。由于在用陀螺经纬仪定向时，测前和测后都进行了零位观测，因此，可用测前与测后零位差值衡量陀螺仪的零位稳定性。

作者分别对 JT15、GAK－1、FT90 等几种陀螺经纬仪进行了 5 个测回的零位稳定性观测，其中测后零位是指陀螺马达运转半小时后观测得到的，表 2-3 所示是测前、测后 5 个测回的零位均值、中误差及其差值。

表 2-3 陀螺仪的零位稳定性

仪器型号	测前零位/格		测后零位/格		差值/格	$\frac{扭力矩}{陀螺力矩}$
	均值	中误差	均值	中误差		
GAK－1（20805）	－0.38	±0.06	－0.45	±0.05	0.07	<0.5
FT90（290769）	－0.39	±0.08	－0.34	±0.06	0.05	>1
TJ84（9902）	0.20	±0.07	0.48	±0.11	0.22	<0.5
JT15（04932）	0.75	±0.09	1.01	±0.13	0.26	<0.5
JT15（06517）	1.35	±0.18	1.15	±0.20	0.20	<0.5

关于测前与测后零位值的互差，煤矿测量规程规定，对15″级仪器不得超过0.2格，对其他仪器不得超过0.4格。但是，这样不够全面，因为，对不同的仪器，由于悬挂带扭力矩与陀螺力矩的比值K不相同，尽管零位变化格值相同，但它们对陀螺北方向值的影响却大不一样，如在唐山地区对GAK-1来说，$K\approx 0.27$；对FT90，$K=1.30$；对Gyromat，$K=2.5$。显然当零位变化0.1格时，对GAK-1来说

$$\Delta N=0.27\times 600\times 0.1=16.2''$$

对FT90来说

$$\Delta N=1.30\times 600\times 0.1=78.0''$$

对GAK-1来说

$$\Delta N=2.5\times 600\times 0.1=150''$$

根据以上分析可知，采用零位变化格值对陀螺定向影响值的大小δ来衡量陀螺仪零位稳定性比较合理。

关于零位稳定性标准，根据矿山测量规程和表2-3中的观测结果，在$K<0.5$时，可取测前与测后零位互差0.3格，即$\Delta N=0.27\times 600\times 0.3=48.6''$，因此，可规定中等精度陀螺仪零位稳定性标准为测前与测后零位变化对定向的影响值δ小于50″；同理可规定高精度陀螺仪δ应小于20″；低精度陀螺仪δ不大于80″。

2.2.4 磁屏蔽防护质量稳定性的检测

陀螺经纬仪设计时，为了防止磁性力矩的干扰，除尽量避免选用磁性材料制造仪器零件外，最有效的方法是在陀螺灵敏部周围采用高磁导率的磁屏蔽罩，用以隔绝外磁场，从而降低磁性力矩。然而由于一般磁屏蔽的材料为软磁合金，它既有高的磁导率和防护品质，又有对碰撞特别敏感的缺点，同时还有剩余变形，因此，当仪器使用时间较长时，会自然老化，磁导率减少，特别是有碰撞变形时屏蔽效果显著减小，这时如果定向，外磁场将有部分进入灵敏部，与灵敏部存在相互作用力，从而影响陀螺方位

角。因此，为了保证定向结果可靠性即稳定性，必须检查磁屏蔽防护质量的稳定性。检测最简单的方法就悬带式陀螺经纬仪而言，可将悬挂带上夹沿东、南、西、北4个方向定位，分别观测陀螺仪的悬挂带零位，然后根据其零位差 K 值便可判断陀螺经纬仪磁屏蔽防护质量的稳定性。

根据上述原理，作者对几台陀螺经纬仪进行了检测，表2-4列出了悬挂带上夹沿4个方向进行5次观测的零位平均值和中误差。

表2-4　陀螺仪磁屏蔽防护质量稳定性检测

方向 \ 仪器型号		GAK－1 (20805)	TJ84 (9902)	JT15 (04932)	JT15 (06517)	DJ6－T60 (76575)	DJ2－T20 (77020)	FT90 (290769)
北/格	均值	－0.46	－0.40	0.24	－1.25	－0.58	0.80	－0.18
	中误差	±0.07	±0.04	±0.05	±0.08	±0.04	±0.10	±0.03
东/格	均值	－0.55	－0.68	－0.14	－1.12	－0.18	0.21	－0.17
	中误差	±0.02	±0.04	±0.03	±0.11	±0.04	±0.06	±0.02
南/格	均值	－0.33	－0.98	0.47	－1.64	0.01	0.52	－0.16
	中误差	±0.03	±0.10	±0.04	±0.07	±0.01	±0.02	±0.01
西/格	均值	－0.49	－0.82	0.48	－1.22	－0.17	0.73	－0.17
	中误差	±0.07	±0.13	±0.10	±0.15	±0.08	±0.13	±0.03
最大互差/格		0.22	0.58	0.62	0.52	0.59	0.59	0.02

根据表2-4的检测结果可知，6台中等精度陀螺经纬仪沿4个方向零位的最大互差中误差为0.24格，采用中误差的2倍为极限误差，因此，可认为中等精度陀螺仪磁屏蔽质量稳定性的标准为东、西、南、北4个方向零位之差小于0.5格；同理对高精度陀螺仪来说，其4个方向的零位之差 K 应小于0.2格；低精度陀螺仪应小于1.0格。

2.2.5　三相输出电压稳定性的检测

要使陀螺经纬仪性能稳定，定向精度高，则必须要求陀螺马达转速稳定。当陀螺经纬仪采用三相异步电动机时，为了使陀螺马达的转速恒定，除了要求电压的频率稳定外，还要求输出电压稳定。考虑到陀螺经纬仪定向一次测量读取 5 个逆转点不超过 30min，因此用数字电压表对几台陀螺经纬仪进行了半个小时的电压稳定性测定，结果见表 2-5。

表 2-5 陀螺仪电压稳定性测定

仪器型号	GAK－1 (20805)	DJ2－T20 (76575)	JT15 (04939)	TJ84 (8702)
电压值/V	115.5	35.4	36.9	125.4
	115.5	35.4	36.8	125.4
	115.5	35.3	36.8	125.4
	115.6	35.2	36.7	125.3
	115.6	35.2	36.7	125.2
	115.6	35.1	36.6	125.3
	115.6	34.9	36.6	125.4
	115.6	34.7	36.5	125.6
	115.7	34.5	36.5	125.8
	115.7	34.2	36.4	125.9
电压稳定性 /V·(0.5h)$^{-1}$	±0.2	±1.2	±0.5	±0.7

由表 2-5 的观测结果可知，检测的 4 台中等精度陀螺仪电压稳定性的中误差为 ±0.42V/0.5h，因此根据中误差与允许误差的关系及陀螺仪技术指标要求，可认为 ±1.0V/0.5h 为中等精度陀螺仪电压稳定性的标准；同理对于高精度陀螺仪可定为 ±0.3V/0.5h；低精度陀螺仪可定为 ±2.0V/0.5h。

2.2.6 陀螺电源频率稳定性的测定

无论陀螺仪采用三相异步电动机还是直流马达，其转子转速稳定性均与频率有关，因为，它们的频率基准都采用了振荡器。

早期陀螺仪采用的是LC或RC振荡器，后来采用了音叉振荡器，目前大多数采用石英晶体振荡器。但不管采用何种振荡器，它们的等效电路均可由电阻、电容器、电感器组成。由于这些元器件受直接和间接因素的影响，均可使频率发生变动，从而影响陀螺马达转速及其摆动中值的稳定性。

用频率计对几台陀螺仪进行了半个小时的频率稳定度检测，测试结果见表2-6。

表2-6 陀螺仪频率稳定性测定

仪器型号	JT15（04932）	JT15（06517）	TJ84（8702）	FT90（290769）	GAK－1（20805）
频率值/Hz	398.5	399.9	397.5	204.78830	400.58
	398.4	400.0	397.2	204.78834	400.59
	398.6	400.2	397.3	204.78836	400.59
	398.3	400.1	397.4	204.78838	400.58
	398.5	399.8	397.5	204.78840	400.58
	398.7	399.7	397.2	204.78844	400.59
	398.8	399.8	397.3	204.78846	
频率稳定度	1.25×10^{-3}	1.25×10^{-3}	7.5×10^{-4}	8.8×10^{-7}	2.5×10^{-5}

根据表2-6中5台陀螺仪频率稳定度的测定结果可知，其频率稳定度中误差为6.2×10^{-4}，因此根据允许误差与中误差的关系及陀螺仪技术指标和实践经验，可认为1×10^{-3}为中等精度陀螺仪电源频率稳定性的标准，高精度陀螺仪可定为1×10^{-5}，低精度陀螺仪可定为1×10^{-2}。

2.2.7 动量矩稳定性的检验

在陀螺运动方程中，动量矩 $\boldsymbol{H}$ 是一个重要参量，$\boldsymbol{H}$ 的变化将会引起陀螺摆动中值的漂移，因此为了检验陀螺仪的稳定性，必须检验动量矩 $\boldsymbol{H}$ 的稳定性。

由式（1-17）和式（1-19）可得不跟踪摆动周期

$$T=2\pi\sqrt{\frac{\boldsymbol{H}^2}{\boldsymbol{M}(\boldsymbol{H}\boldsymbol{\omega}_{\mathrm{IE}}\cos\varphi+D_{\mathrm{B}})}} \tag{2-3}$$

式中 T——不跟踪摆动周期；

$\boldsymbol{M}$——陀螺重力矩；

$\boldsymbol{\omega}_{\mathrm{IE}}$——地球自转角速度；

φ——观测地点的地理纬度；

D_{B}——悬挂带扭矩系数；

$\boldsymbol{H}$——陀螺动量矩。

当观测地点确定后，$\boldsymbol{M}$、$\boldsymbol{\omega}_{\mathrm{IE}}$、$\varphi$、$D_{\mathrm{B}}$ 为常数，因此不跟踪摆动周期 T 与动量矩 $\boldsymbol{H}$ 成比例，也就是说动量矩 $\boldsymbol{H}$ 的稳定性可由不跟踪摆动周期 T 来判断。因此作者用电子秒表对 GAK－1、FT90 等几台中等陀螺经纬仪进行了 5 次不跟踪摆动周期 T 的测定，结果见表 2-7。

表 2-7 陀螺仪不跟踪摆动周期的测定

仪器编号	GAK－1（20805）	FT90（981）	Gi－C11（193141）	TJ84（9902）	JT15（04932）
均值/s	399.51	222.59	381.93	335.49	439.80
中误差/s	±0.05	±0.10	±0.15	±0.15	±0.31
最大最小互差/s	0.12	0.28	0.39	0.37	0.76

根据表 2-7 可知，5 台中等精度陀螺仪不跟踪摆动周期最大最小互差的中误差为 ±0.23s，因此，当采用 2 倍中误差为允许误差时，可认为 0.5s 为中等精度陀螺仪动量矩稳定性标准，同理对于高精度陀螺仪可要求不跟踪摆动周期互差小于 0.2s，低精度陀螺仪要求不大于 1.0s。

2.2.8 陀螺摆动中值稳定性检验

陀螺经纬仪在运转期间，由于受陀螺马达温升、供电电压、频率及外界干扰力矩等方面的影响，一般存在摆动中值漂移，其系统漂移量的大小反映了仪器的稳定性。设陀螺经纬仪仪器常数一测回中误差的设计值为 m（以下同），为了获得陀螺摆动中值的稳定性，可在陀螺仪指向北后，启动下放陀螺，这时用中天法或扭转点法连续观测 1h 以上，然后计算 ΔNi 或 Ni，最后检验 ΔNi 或 Ni 的最大最小值互差是否满足 $2\sqrt{2}m$ 的摆动中值稳定性要求。5 台陀螺经纬仪摆动中值稳定性的检验详见下一节。

2.2.9 仪器常数在不同的环境温度下的稳定性检验

由于陀螺经纬仪定向时，测定陀螺仪仪器常数时的环境温度一般和在井下测定陀螺方位时的环境温度不相同，因此仪器常数在不同温度下的稳定性显得很重要。可在仪器设计的环境温度即低温、室温和高温条件下，各观测仪器常数 5 个测回，然后计算 3 个仪器常数的平均值，最后检验其常数互差是否满足 $2\sqrt{2}m$ 的稳定性要求。

煤炭科学研究总院唐山分院分别对 1 台 GAK－1 和两台 FT90 陀螺仪在－10℃、室温和 40℃ 温度下进行了 5 个测回的仪器常数稳定性检验，结果见表 2-8。

表 2-8　不同温度下的陀螺仪仪器常数

仪器型号	温度/℃	仪器常数平均值/(′″)	仪器常数的测回中误差/(″)
GAK－1 (20805)	－10	1　38.6	±9.6
	+27	1　09.6	±16.2
	+40	0　51.6	±10.7
FT90 (981)	－10	1　32.0	±9.5
	+19	1　30.2	±3.8
	+40	0　55.8	±13.1
FT90 (347)	－10	1　11.8	±22.7
	+20	0　47.6	±14.4
	+40	1　00.8	±22.4

从表 2-8 可以看出，3 台检测的陀螺仪在不同的环境温度下

仪器常数较稳定。

2.2.10 仪器常数时间稳定性检验

考虑到仪器常数可能随时间变化，连续观测 5 天，每天上、下午各观测仪器常数三次，每次均重新连接陀螺经纬仪，然后检查这 30 个仪器常数观测值的最大最小值互差是否满足 $2\sqrt{2}m$ 的稳定性要求。

以上 10 项是作者根据经验，并参照电测距仪的检定规范而提出的检验陀螺经纬仪稳定性的项目，为了便于查阅，现把检定项目列于表 2-9。至于稳定性标准的制定，作者一方面顾及了陀螺仪技术指标要求，另一方面也考虑了陀螺仪的实际使用情况，另外，还运用了数理统计理论。对于每一台新出厂的陀螺经纬仪，应严格按照表 2-9 所列项目进行检验，只有符合稳定性标准的陀螺经纬仪才能出厂。对于生产单位正在使用的陀螺经纬仪，考虑到检测设备的限制加上仪器出厂时已严格检验，因此，可定期检验表 2-9 所列的二、三、四、七、八几项。

表 2-9 陀螺经纬仪稳定性的检验项目

序 号	项 目
1	陀螺仪连接误差的测定
2	悬挂带弹性质量稳定性的测定
3	悬挂带零位稳定性的检测
4	磁屏蔽防护质量稳定性的检测
5	三相输出电压稳定性的检测
6	陀螺电源频率稳定性的检测
7	动量矩稳定性的检验
8	陀螺摆动中值稳定性检验
9	仪器常数在不同的环境温度下的稳定性检验
10	仪器常数的时间稳定性检验

2.3 影响陀螺经纬仪稳定性评价的主要因素及摆动中值漂移

2.3.1 概述

在上一节里提出了检测陀螺经纬仪稳定性的项目和标准，并对几台中等精度陀螺经纬仪进行了实测。检测结果表明，有几台陀螺经纬仪的有些项目未达到稳定性标准。如果按照传统的稳定性评价方法，即对技术指标检验数据的直接观察和主观推测，便会判定这几台陀螺经纬仪属于不稳定型，但是按照模糊数学原理来判定则结果如何呢？这就是本节和后两节所要讨论的问题。

2.3.2 影响陀螺仪稳定性评价的主要因素

根据模糊数学原理[22,23]可知，要评判陀螺经纬仪的稳定性，必须首先确定影响陀螺经纬仪稳定性的主要因素。而根据上一节可知，影响陀螺经纬仪稳定性的因素很多。但是，与其关系密切且能够通过检验方法得到统计数字和统计量的主要是悬挂带弹性质量稳定性、悬挂带零位稳定性、磁屏蔽防护质量稳定性、电压稳定性、频率稳定性、动量矩稳定性、摆动中值稳定性等。其中悬挂带零位变化在很大程度上反映了悬挂带弹性质量稳定性，而陀螺摆动中值稳定性是个综合指标，它是电压变化、频率变化、动量矩变化、环境温度变化及外界干扰力矩的综合体现。因此，综合考虑，可用摆动中值稳定性、悬挂带零位变化、磁屏蔽防护质量稳定性作为影响陀螺仪稳定性评价的主要因素。

在上面的3个影响因素中，悬挂带零位变化和磁屏蔽防护质量稳定性在上节已详细讨论并进行了实测，下面主要讨论摆动中值漂移。

2.3.3 陀螺摆动中值漂移

2.3.3.1 实验结果

对GAK－1（20805）、TJ84（改进9902）、Gi－C11（193141）

三台仪器在仪器检测室的检验台上分别用中天法连续观测了 8h，对 JT15（04932）用逆转点法连续观测 2h，对 FT90（290769）用中天法连续观测了 1h。图 2-1 所示为 8h 的陀螺摆动中值曲线，

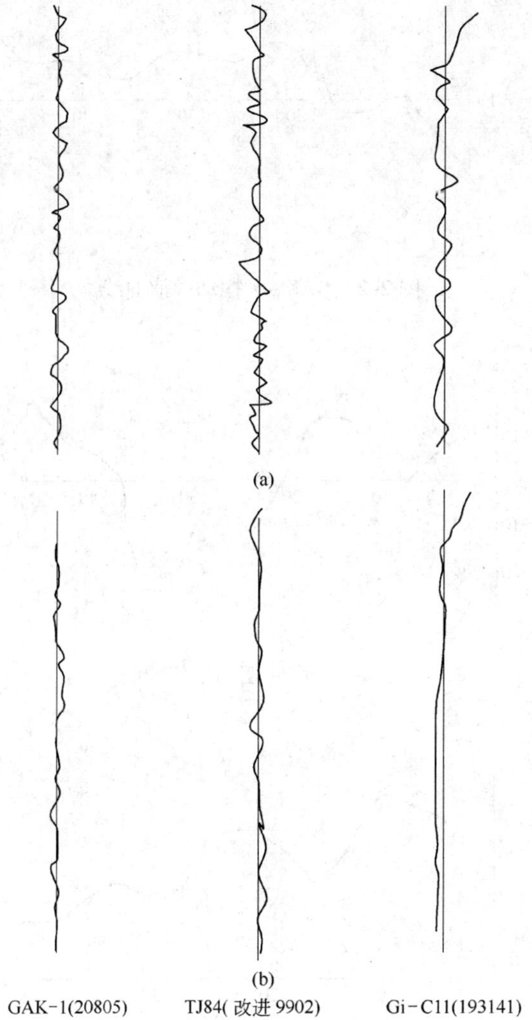

图 2-1 8h 中天法连续观测曲线
（a）实测曲线；（b）5 点游动平均修匀曲线

图2-2～图2-6放大画出前40min或2h、1h摆动中值曲线，表2-10列出了5台仪器1h的摆动中值。

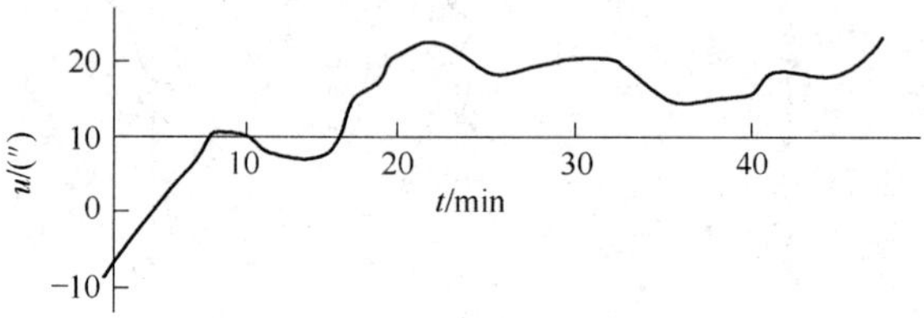

图2-2　GAK－1摆动中值曲线

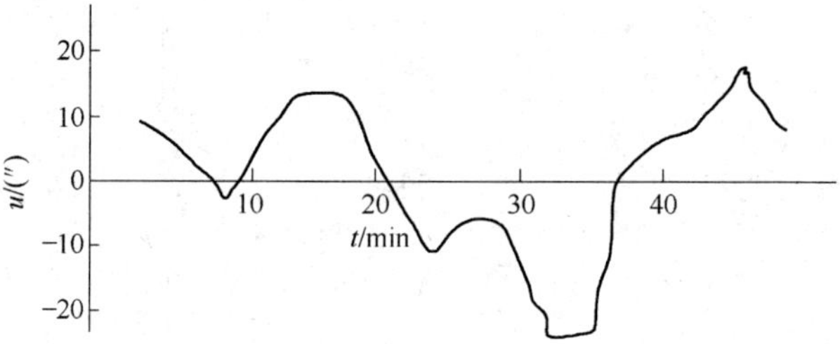

图2-3　TJ84摆动中值曲线

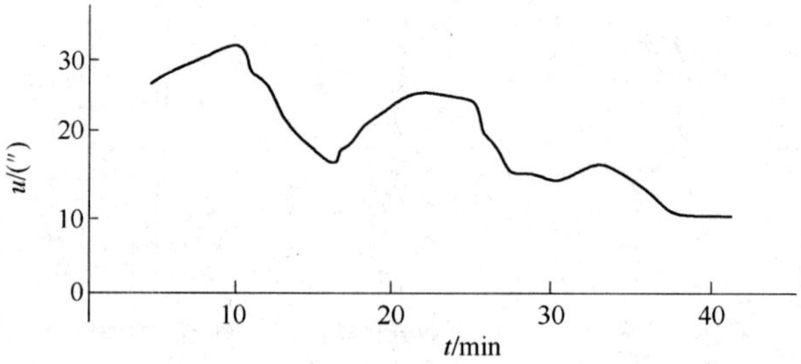

图2-4　Gi－C11摆动中值曲线

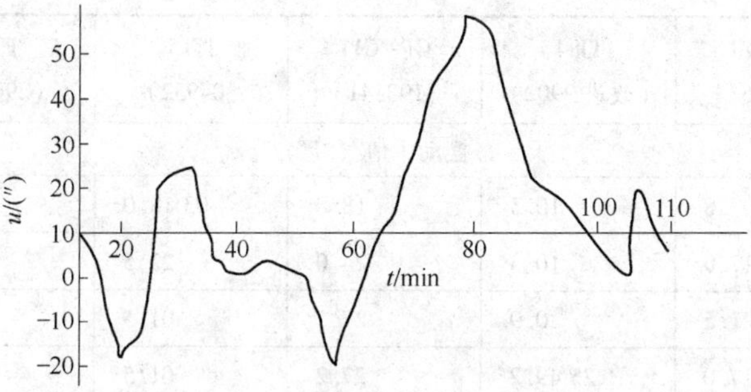

图 2-5 JT15 摆动中值曲线

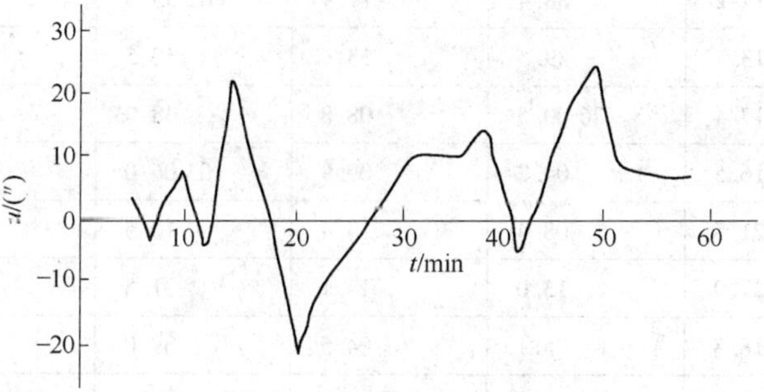

图 2-6 FT90 摆动中值曲线

表 2-10 系统漂移显著性检验

GAK－1（20805）	TJ84（改进 9902）	Gi－C11（193141）	JT15（04932）	FT90（290769）
摆动中值/(°′″)				
0 00 54.0	0 26 07.5	359 01 30.5	6 03 10.5	0 10 05.9
01 01.8	04.2	33.2	0.45	09 52.9
10.5	25 56.3	34.9	02 43.5	10 05.9
07.3	26 04.7	24.5	51.0	10.6

续表 2-10

GAK－1（20805）	TJ84（改进 9902）	Gi－C11（193141）	JT15（04932）	FT90（290769）
摆动中值/(°′″)				
07. 8	10. 3	18. 8	03 18. 0	09 57. 1
17. 9	10. 3	24. 0	22. 5	10 04. 7
21. 5	0. 9	27. 7	01. 5	25. 7
17. 0	25 49. 2	27. 2	01. 5	30. 4
18. 8	54. 4	17. 0	04. 5	25. 7
19. 7	53. 9	14. 9	01. 5	09 57. 7
14. 2	38. 4	17. 9	02 55. 5	39. 1
13. 7	39. 5	13. 6	40. 5	40. 3
17. 4	26 00. 5	08. 8	48. 0	45. 0
16. 5	04. 2	09. 9	03 06. 0	49. 6
21. 5	08. 4	14. 4	10. 5	55. 4
27. 9	13. 0	14. 1	31. 5	10 09. 2
18. 8	05. 1	04. 5	39. 0	11. 5
06. 4	01. 4	00 58. 5	54. 0	08. 1
09. 1	01. 4	01 00. 0	48. 0	11. 5
11. 4	02. 8	00. 0	15. 0	12. 6
11. 8	04. 1	00 50. 8	15. 0	16. 0
15. 0	00. 0	50. 0	04. 5	11. 5
12. 3	04. 1	49. 1	01. 5	09 58. 9
07. 7	10. 6	45. 7	07. 5	55. 4
11. 4	06. 0	43. 3	13. 5	10 08. 0
15. 9	08. 8	39. 6	0. 15	24. 0
09. 1	08. 3	37. 6		30. 8
06. 8	03. 2	37. 9		26. 2

续表 2-10

GAK-1 (20805)	TJ84 (改进 9902)	Gi-C11 (193141)	JT15 (04932)	FT90 (290769)
摆动中值/(°′″)				
15.4	01.8	42.6		11.4
19.0	05.1	50.8		08.0
$S^2=44.97$ $n=30$ $q^2=14.79$ $r=q^2/S^2=$ 0.3289 $r'_\alpha=0.393$ $r<r'_\alpha$	$S^2=67.03$ $n=30$ $q^2=23.9$ $r=q^2/S^2=$ 0.3566 $r'_\alpha=0.393$ $r<r'_\alpha$	$S^2=323.68$ $n=30$ $q^2=12.30$ $r=q^2/S^2=$ 0.038 $r'_\alpha=0.393$ $r<r'_\alpha$	$S^2=322.56$ $n=26$ $q^2=87.71$ $r=q^2/S^2=$ 0.2719 $r'_\alpha=0.393$ $r<r'_\alpha$	$S^2=189.50$ $n=30$ $q^2=59.13$ $r=q^2/S^2=$ 0.312 $r'_\alpha=0.393$ $r<r'_\alpha$

注：在表 2-10 中，n 为观测次数，$q^2=\frac{1}{2(n-1)}\sum_{i=1}^{n-1}(X_{i+1}-X_i)^2$，$S^2=\frac{1}{n-1}\sum_{i=1}^{n}(X_i-\bar{X})^2$，$r=q^2/S^2$，概率分布的自左尾起算的分位值 $r'_\alpha=0.393$ 是在 $n>20$ $\alpha=0.001$ 情况下查文献［24］概率分布表得到的。

从表 2-10 所列的结果可以看出，JT15 陀螺仪（04932）摆动中值的最大最小值互差为 73.5″，大于 $2\sqrt{2}m$(42.4″) 的稳定性标准要求，其他 4 台检测的陀螺仪均满足摆动中值稳定性要求。

2.3.3.2 系统漂移显著性检验[24]

设从母体中抽取的子样（摆动中值）为 X_1，X_2，…，X_n，则子样的均方连差为

$$\frac{1}{n-1}\sum_{i=1}^{n-1}(X_{i+1}-X_i)^2$$

设母体为 $N(\xi,\ \sigma)$，则 $d_i=X_{i+1}-X_i$ 为 $N(0,\ \sqrt{2}\sigma)$，$dS_i/$

$\sqrt{2}\sigma$ 为 $N(0,1)$，而 $d_i^2/2\sigma^2$ 为 $X^2(1)$，所以 $E\left(\frac{d_i^2}{2\sigma^2}\right)=1$，$E(d_i^2)=2\sigma^2$ 令

$$q^2=\frac{1}{2(n-1)}\sum_{i=1}^{n-1}(X_{i+1}-X_i)^2=\frac{1}{2(n-1)}\sum_{i=1}^{n-1}d_i^2 \tag{2-4}$$

则 $$E(q^2)=\frac{1}{2(n-1)}\sum_{i=1}^{n-1}d_i^2=\sigma^2$$

故 q^2 是 σ^2 的无偏估计量。

由于 $$S^2=\frac{1}{n-1}\sum_{i=1}^{n}(X_i-\overline{X})^2 \tag{2-5}$$

其中 $$\overline{X}=\frac{1}{n}\sum_{i=1}^{n}X_i$$

S^2 也是 σ^2 的无偏估计量，故可作如下均方连差统计量

$$r=q^2/S^2 \tag{2-6}$$

检验时用摆动中值计算的 r 与表2-10 中的 r'_α 值比较，若 $r<r'_\alpha$ 则说明母体均值逐渐移动显著，相对于偶然误差来说有较大的系统漂移。

表2-10 列出了 5 台陀螺仪的检测结果，其中 r 概率分布的自左尾起算的分位值 r'_α 是在 $n>20$，$\alpha=0.001$ 情况下查表得到的。检验结果表明：Gi－C11（193141）系统漂移量最大，其次是 JT15（04932）；FT90（290769），GAK－1（20805）和 TJ84（改进 9902）相对来说较小，但是 5 台仪器的摆动中值均存在系统漂移。

2.4 陀螺经纬仪稳定性评价数学模型[25]

2.4.1 建立因素集

根据上一节的讨论可知，影响陀螺经纬仪稳定性评价的因素，主要是摆动中值漂移，悬挂带零位变化及磁屏蔽防护质量稳定性等，故因素集为

$$u = (u_1, u_2, u_3)$$

式中　u_1——摆动中值漂移；

u_2——悬挂带零位变化；

u_3——磁屏蔽防护质量稳定性。

2.4.2　建立权重集

由于以上各因素在评价陀螺经纬仪稳定性的重要程度上一般不相同，因此，不可等同看待。为了反映各因素的重要程度，对各因素应赋予一相应的权数，由各权数组成的集合为

$$P = (a_1, a_2, a_3)$$

确定 P 的方法有许多种，这里以普遍使用的层次分析法来确定，其理论依据见文献［23］。

2.4.2.1　构造判断矩阵

以 A 表示目标，u_i 表示评价因素，$u_i \varepsilon v$（$i = 1, 2, 3, \cdots, n$）。u_{ij}表示 u_i 对 u_j 的相对重要性数值（$j = 1, 2, \cdots, n$），u_{ij}的取值见表 2-11。

表 2-11　判断矩阵标度及其含义

标　度	含　义
1	表示因素 u_i 与 u_j 比较，具有同等重要性
3	表示因素 u_i 与 u_j 比较，u_i 比 u_j 稍微重要
5	表示因素 u_i 与 u_j 比较，u_i 比 u_j 明显重要
7	表示因素 u_i 与 u_j 比较，u_i 比 u_j 强烈重要
9	表示因素 u_i 与 u_j 比较，u_i 比 u_j 极端重要
2，4，6，8	它们分别表示相邻判断 1～3、3～5、5～7、7～9 的中值
倒　数	表示因素 u_i 与 u_j 比较得到判断 u_{ij}，则 u_j 与 u_i 比较得判断 $u_{ji} = 1/u_{ij}$

在陀螺经纬仪稳定性中，摆动中值漂移比悬挂带零位变化稍微重要，比磁屏蔽防护质量稳定性明显重要，而悬挂带零位变化

也比磁屏蔽防护质量稳定性重要，因此可得到判断矩阵

$$
\begin{array}{c} \\ P = \end{array}
\begin{array}{c} \quad u_1 \quad u_2 \quad u_3 \\ \begin{pmatrix} 1 & 3 & 5 \\ \frac{1}{3} & 1 & 4 \\ \frac{1}{5} & \frac{1}{4} & 1 \end{pmatrix} \end{array}
\begin{array}{l} \\ u_1 \\ u_2 \\ u_3 \end{array}
$$

2.4.2.2 确定权分配

$$W_1 = \sqrt[3]{1 \times 3 \times 5} = 2.466$$

$$W_2 = \sqrt[3]{\frac{1}{3} \times 1 \times 4} = 1.101$$

$$W_3 = \sqrt[3]{\frac{1}{5} \times \frac{1}{4} \times 1} = 0.368$$

对向量 $\boldsymbol{W} = (\boldsymbol{W}_1,\ \boldsymbol{W}_2,\ \boldsymbol{W}_3)$ 作归一化处理，即取

$$\boldsymbol{W}_i = \boldsymbol{W}_i / \sum_{i=1}^{n} \boldsymbol{W}_i$$

于是得权分配 $\boldsymbol{W} = (0.627,\ 0.280,\ 0.093)$。

2.4.2.3 检验权分配是否合理

$$\boldsymbol{PW} = \begin{pmatrix} (\boldsymbol{PW})_1 \\ (\boldsymbol{PW})_2 \\ (\boldsymbol{PW})_3 \end{pmatrix} = \begin{pmatrix} 1 & 3 & 5 \\ \frac{1}{3} & 1 & 4 \\ \frac{1}{5} & \frac{1}{4} & 1 \end{pmatrix} \begin{pmatrix} 0.627 \\ 0.280 \\ 0.093 \end{pmatrix} = \begin{pmatrix} 1.932 \\ 0.861 \\ 0.2884 \end{pmatrix}$$

$$\lambda_{\max} = \frac{1}{n} \sum_{i=1}^{n} \frac{(\boldsymbol{PW})_i}{\boldsymbol{W}_i} = \frac{1}{3}\left(\frac{1.932}{0.627} + \frac{0.861}{0.280} + \frac{0.2884}{0.093}\right) = 3.086$$

$$CI = \frac{1}{n-1}(\lambda_{\max} - n) = \frac{1}{3-1}(3.086 - 3) = 0.043$$

$$CR = CI/RI$$

RI 为判断矩阵的平均随机一致性指标，对于 1－9 阶判断矩阵，由文献［23］的层次分析法附表可查得，当 $n=3$ 时，$RI=0.58$。

于是
$$CR=\frac{0.043}{0.58}=0.74$$

由于 $CR=0.074<0.10$，则认为判断矩阵具有满意一致性，说明权分配是合理的，故权重集

$$\boldsymbol{P}=\boldsymbol{W}=(0.627,\ 0.280,\ 0.093)$$

2.4.3 建立评价集

评价集是对评判对象做出各种可能评判集合的总体。对陀螺经纬仪稳定性来说，其评价集可表示为

$$\boldsymbol{V}=\{V_1(\text{很稳定}),V_2(\text{稳定}),V_3(\text{不稳定}),V_4(\text{很不稳定})\}$$

2.4.4 模糊变换矩阵的确定

当集合 u、v 元素很有限时，从 u 到 v 的模糊关系可用模糊矩阵 R 来表示即

$$\begin{array}{cc} & \begin{matrix} V_1 & V_2 & V_3 & V_4 \end{matrix} \\ \boldsymbol{R}= & \begin{pmatrix} r_{11} & r_{12} & r_{13} & r_{14} \\ r_{21} & r_{22} & r_{23} & r_{24} \\ r_{31} & r_{32} & r_{33} & r_{34} \end{pmatrix} \begin{matrix} u_1 \\ u_2 \\ u_3 \end{matrix} \end{array}$$

式中，r_{ij}（$i=1,2,3$；$j=1,2,3,4$）可用隶属函数计算，对于陀螺仪稳定性可采用梯形分布的上限形公式求得，即

$$u_x=\begin{cases} 1 & X\leqslant\alpha_1 \\ \dfrac{\alpha_2-X}{\alpha_2-\alpha_1} & \alpha_1<X\leqslant\alpha_2 \\ 0 & \alpha_2<X \end{cases}$$

式中，α_1、α_2 为各分级标准。

对于影响陀螺仪稳定性的各个因素及各等级陀螺仪的分级标

准见表 2-12 ~ 表 2-14。

表 2-12 影响陀螺仪稳定性因素及高精度陀螺仪分级标准

因素 \ 等级	V_1	V_2	V_3	V_4
$\Delta N/('')$	m	$2\sqrt{2}m$	$5m$	$8m$
$\delta/('')$	10	20	50	80
K/格	0.1	0.2	0.5	1.0

表 2-13 影响陀螺仪稳定性因素及中等精度陀螺仪分级标准

因素 \ 等级	V_1	V_2	V_3	V_4
$\Delta N/('')$	m	$2\sqrt{2}m$	$5m$	$8m$
$\delta/('')$	20	50	80	110
K/格	0.2	0.5	1.0	1.5

表 2-14 影响陀螺仪稳定性因素及低精度陀螺仪分级标准

因素 \ 等级	V_1	V_2	V_3	V_4
$\Delta N/('')$	m	$2\sqrt{2}m$	$5m$	$8m$
$\delta/('')$	50	80	110	150
K/格	0.5	1.0	1.5	2.0

注：m 为仪器的标称精度。

2.4.5 模糊综合评判

通过模糊变换运算得到评判结果向量。模糊变换式为

$$\boldsymbol{B} = \boldsymbol{P} \cdot \boldsymbol{R} = (b_1,\ b_2,\ b_3,\ b_4)$$

取 $\boldsymbol{M}$（· ⊕）算子则

$$b_j = \sum_{i=1}^{3} (\boldsymbol{P}_i, r_{ij}) = (\boldsymbol{P}_1 \cdot r_{1j}) \oplus (\boldsymbol{P}_2 \cdot r_{2j}) \oplus (\boldsymbol{P}_3 \cdot r_{3j})$$

最后将 $\boldsymbol{B}$ 做归一化处理，选取 $\boldsymbol{B}$ 中最大值作为陀螺经纬仪稳定性的综合评判结果。

2.5 几个实例

对同属中等精度的 GAK-1、JT15、TJ84、FT90 四种型号 6 台陀螺仪按照 2.2 节和 2.3 节的要求进行了检测与计算，其计算结果见表 2-15。

表 2-15 陀螺经纬仪稳定性实测结果

仪器型号 / 因素	GAK-1 (20805)	TJ84 (改进 9902)	JT15 (04932)	FT90 (290769)	JT15 (93114)	JT15 (93110)
$\Delta N/('')$	33.9	34.6	73.5	51.7	39.4	40.2
$\delta/('')$	11.3	35.6	42.1	39.0	4.9	8.1
K/格	0.22	0.58	0.62	0.02	0.04	0.08

根据表 2-15 的实测结果，按 2.4 节的数学模型便可计算陀螺仪的模糊矩阵 $\boldsymbol{R}_i(i=1, 2, 3, 4, 5, 6)$，其中 $\boldsymbol{R}_1$ 为 GAK-1 (20805) 的矩阵，$\boldsymbol{R}_2$ 为 TJ84（改进 9902）的矩阵，$\boldsymbol{R}_3$ 为 JT15 (04932) 的矩阵，$\boldsymbol{R}_4$ 为 FT90 (290769) 的矩阵，$\boldsymbol{R}_5$ 为 JT15 (93114) 的矩阵，$\boldsymbol{R}_6$ 为 JT15 (93110) 的矩阵。

$$\boldsymbol{R}_1=\begin{pmatrix}0.62 & 0.38 & 0 & 0\\ 1 & 0 & 0 & 0\\ 0.93 & 0.07 & 0 & 0\end{pmatrix}$$

$$\boldsymbol{R}_2=\begin{pmatrix}0.27 & 0.73 & 0 & 0\\ 0.48 & 0.52 & 0 & 0\\ 0 & 0.84 & 0.16 & 0\end{pmatrix}$$

$$\boldsymbol{R}_3=\begin{pmatrix}0 & 0.05 & 0.95 & 0\\ 0.26 & 0.74 & 0 & 0\\ 0 & 0.76 & 0.24 & 0\end{pmatrix}$$

$$\boldsymbol{R}_4=\begin{pmatrix}0.42 & 0.58 & 0 & 0\\ 0.37 & 0.63 & 0 & 0\\ 1 & 0 & 0 & 0\end{pmatrix}$$

$$\boldsymbol{R}_5=\begin{pmatrix}0.11 & 0.89 & 0 & 0\\ 1 & 0 & 0 & 0\\ 1 & 0 & 0 & 0\end{pmatrix}$$

$$\boldsymbol{R}_6=\begin{pmatrix}0.08 & 0.92 & 0 & 0\\ 1 & 0 & 0 & 0\\ 1 & 0 & 0 & 0\end{pmatrix}$$

由模糊矩阵 $\boldsymbol{R}_i$ 及权重集 $\boldsymbol{P}$，可得综合评判结果 $\boldsymbol{B}_i(i=1，2，3，4，5，6)$。

$$\boldsymbol{B}_1=\boldsymbol{P}\cdot\boldsymbol{R}_1=(0.627\quad 0.280\quad 0.093)\begin{pmatrix}0.62 & 0.38 & 0 & 0\\ 1 & 0 & 0 & 0\\ 0.93 & 0.07 & 0 & 0\end{pmatrix}$$

$$=(0.76\quad 0.24\quad 0\quad 0)$$

$$\boldsymbol{B}_2=\boldsymbol{P}\cdot\boldsymbol{R}_2=(0.627\quad 0.280\quad 0.093)\begin{pmatrix}0.27 & 0.73 & 0 & 0\\ 0.48 & 0.52 & 0 & 0\\ 0 & 0.84 & 0.16 & 0\end{pmatrix}$$

$$=(0.30\quad 0.68\quad 0.02\quad 0)$$

$$\boldsymbol{B}_3=\boldsymbol{P}\cdot\boldsymbol{R}_3=(0.627\quad 0.280\quad 0.093)\begin{pmatrix}0 & 0.05 & 0.95 & 0\\ 0.26 & 0.74 & 0 & 0\\ 0 & 0.76 & 0.24 & 0\end{pmatrix}$$

$$=(0.07\quad 0.31\quad 0.62\quad 0)$$

$$\boldsymbol{B}_4=\boldsymbol{P}\cdot\boldsymbol{R}_4=(0.627\quad 0.280\quad 0.093)\begin{pmatrix}0.42 & 0.58 & 0 & 0\\ 0.37 & 0.63 & 0 & 0\\ 1 & 0 & 0 & 0\end{pmatrix}$$

$$=(0.46\quad 0.54\quad 0\quad 0)$$

$$\boldsymbol{B}_5=\boldsymbol{P}\cdot\boldsymbol{R}_5=(0.627\quad 0.280\quad 0.093)\begin{pmatrix}0.11 & 0.89 & 0 & 0\\ 1 & 0 & 0 & 0\\ 1 & 0 & 0 & 0\end{pmatrix}$$

$$=(0.44 \quad 0.56 \quad 0 \quad 0)$$

$$\boldsymbol{B}_6=\boldsymbol{P}\cdot\boldsymbol{R}_6=(0.627 \quad 0.280 \quad 0.093)\begin{pmatrix}0.08 & 0.92 & 0 & 0\\ 1 & 0 & 0 & 0\\ 1 & 0 & 0 & 0\end{pmatrix}$$

$$=(0.42 \quad 0.58 \quad 0 \quad 0)$$

从上面的模糊综合评判结果可知，GAK－1（20805）很稳定为76%，稳定为24%，不稳定和很不稳定为0，因此，根据最大隶属原则，可判定该仪器属很稳定型。TJ84（改进9902）很稳定为30%，稳定为68%，不稳定为2%，很不稳定为0，故可判定该仪器属稳定型。JT15（04932）很稳定为7%，稳定为31%，不稳定为62%，很不稳定为0，故可判定该仪器属不稳定型。FT90（290769）很稳定为46%，稳定为56%，不稳定和很不稳定为0，故该仪器属稳定型。JT15（093110）很稳定为42%，稳定为58%，不稳定和很不稳定为0，因此，可判定该仪器属稳定型。

3 陀螺经纬仪零位稳定性研究

3.1 概述

陀螺经纬仪的悬挂带下端悬挂着陀螺灵敏部，陀螺灵敏部在悬挂带下自由悬垂，围绕着悬挂带轴线作扭摆运动。在扭摆过程中，一部分能量使悬挂带反复扭转，产生剪切应力；另一部分能量使灵敏部与周围气体摩擦，克服摩擦阻力，最终转换成热能散发掉。经过一段时间的衰减扭摆运动停止，此时的悬挂带位置称为陀螺经纬仪的自由摆动零位，或称悬挂带零位。

如果在定向时存在零位偏差 $\Delta\alpha$，它对陀螺方位角将产生一个系统偏差，这个偏差虽然可用加零位改正消除，但这样做必须要有零位稳定这个前提，也就是说要求陀螺定向前、后及定向期间零位值保持稳定。因为要求的零位是陀螺定向期间的，只不过由于定向期间的零位不能观测，因此只能用测前与测后的零位平均值来代替定向期间的零位值。然而由于受悬挂带、导流丝、陀螺马达、环境温度等因素的影响，致使悬挂带零位在测前与测后或不同时间定向会发生变化，从而影响陀螺定向结果，也就是说影响了陀螺仪的稳定性。

悬挂带零位的稳定性对国产陀螺仪尤为突出，因为用户普遍认为，国产陀螺经纬仪的零位不如国外仪器稳定。为此，本章研究了零位与悬挂带、导流丝、陀螺马达及环境条件的关系，并用国产材料同 GAK－1 原配件进行了对比试验。

3.2 零位与悬挂带的关系

在影响悬挂带零位变化的因素中，最主要的是悬挂带本身，因为，在一条矩形截面很小的弹性合金带上，不仅要承受500～3000g质量产生的应力，而且要保持零位的稳定性，因此对悬挂带材料、性能、热处理工艺及悬挂带尺寸等都有特殊要求。

3.2.1 悬挂带材料的选择[26]

陀螺经纬仪的悬挂带在灵敏部重力 $\boldsymbol{P}$ 作用下，围绕悬挂轴旋转，当转角为 α 时，将在其截面中产生相应的正应力和剪应力，其中最大正应力 $\boldsymbol{\sigma}_{\max}$ 为

$$\boldsymbol{\sigma}_{\max}=\frac{E\alpha^2b^2}{12l^2}+\frac{\boldsymbol{P}}{bh} \tag{3-1}$$

式中 $\boldsymbol{\sigma}_{\max}$——最大正应力；

E——弹性模量；

α——扭转角；

b——悬挂带的宽度；

l——悬挂带长度；

$\boldsymbol{P}$——灵敏部重力；

h——悬挂带厚度。

最大剪应力 $\boldsymbol{\tau}_{\max}$ 为

$$\boldsymbol{\tau}_{\max}=\frac{\alpha}{l}hG \tag{3-2}$$

式中 $\boldsymbol{\tau}_{\max}$——最大剪应力；

G——剪切模量。

于是按第三强度理论[27]，得合应力 $\boldsymbol{\sigma}_{合}$ 为

$$\boldsymbol{\sigma}_{合}=\sqrt{\boldsymbol{\sigma}_{\max}^2+4\boldsymbol{\tau}_{\max}^2} \tag{3-3}$$

按照弹性合金的力学理论及其在工程中的应用经验可知，凡是受力的弹性敏感元件，都是在弹性变形范围内工作的。弹性元件中产生的合应力 $\boldsymbol{\sigma}_{合}$ 必须在元件材料的弹性极限内，如图3-1所示。

从比例极限到弹性极限，有0.001～0.005mm的残余变形量。超过弹性极限后其残余变形量会很快地增加。只有合应力

$\boldsymbol{\sigma}_{合}$ 在此比例极限内，应力应变的加载线与卸载线才完全重合，即无塑性变形。

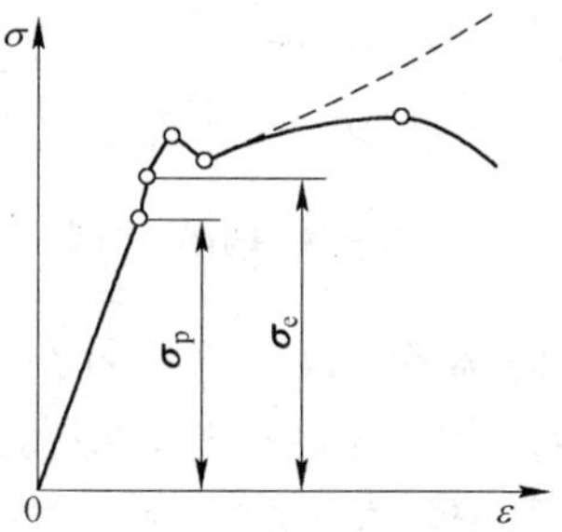

图 3-1 应力($\boldsymbol{\sigma}$) - 应变($\boldsymbol{\varepsilon}$)曲线
$\boldsymbol{\sigma}_e$—弹性极限；$\boldsymbol{\sigma}_p$—比例极限

由于陀螺经纬仪的悬挂带是一个弹性敏感元件，它处于反复受力的状态，选择它时，应使它的合应力处于比例极限范围内，并希望它有较稳定的加载线和卸载线。考虑到陀螺经纬仪定向时，由于环境和人为的因素，会使合应力 $\boldsymbol{\sigma}_{合}$ 发生改变，希望在计算选取悬挂带的应力状态时，最好使合应力 $\boldsymbol{\sigma}_{合}$ 处于比例极限的 1/2 左右，这样即使外界干扰使合应力 $\boldsymbol{\sigma}_{合}$ 增大，也不至于超出比例极限范围，且仍能保持悬挂带较好的受力状态。

工程中实际应用的情况与上述理论相吻合，表 3-1 列出了几台国内外陀螺仪的合应力计算结果。

表 3-1 陀螺经纬仪的合应力计算结果

型号	材料性能			$\boldsymbol{P}$/kg	悬带参数			$\boldsymbol{\sigma}_{合}/\boldsymbol{\sigma}_p$
	$\boldsymbol{\sigma}_e$	$\boldsymbol{\sigma}_p$	E		b	h	$\boldsymbol{\sigma}_{合}$/	
	kgf/mm^2				mm		kgf · mm^{-2}①	
GAK - 1	180	170	22500	0.55	0.4	0.02	68.9	0.40
Gyromat	180	170	22500	1.8	0.447	0.056	72.44	0.43
TJ84	150	140	21000	0.65	0.2	0.04	81.44	0.58
TDJ - 83	90	85	18000	2.0	0.445	0.051	87.3	1.03

① 1kgf/mm^2 = 9.8MPa。

从表 3-1 中可以看出，Gyromat 和 GAK - 1 陀螺经纬仪悬挂带的合应力均小于 1/2 比例极限，这也是国外陀螺经纬仪悬挂带零位稳定的主要原因；而国产陀螺仪不完全相同，如 TJ84 悬挂带的合应力的计算选取符合上述理论，因此，它的零位比较稳定，而 TDJ-83 悬挂带的合应力超出了比例极限，一旦环境因素及人为因素的影响使它的 $\boldsymbol{\sigma}_{合}$ 增大超出弹性极限，会使悬挂带的残余变形很快增大，弹性性能变坏。也就是说悬挂带处于受伤状态时，悬挂带零位会出现较大的变化，即我们通常所说的零位不稳定。

悬挂带材料的选择除要求计算材料的合应力小于比例极限外，还应要求悬挂带的材料具有高的弹性极限，低的弹性后效，弹性模量大且温度系数小，无磁性，弹性滞后环窄等。而这些要求主要取决于悬挂带材料的化学成分和热处理工艺[28]，如在铍青铜类材料中加入 0.1% 的微量镁可使其弹性极限提高一个数量级，也就是说，在相同的条件下，含镁铍青铜制成的悬挂带的自摆零位要稳定得多。在高弹性合金类的悬挂带材料中，一般都公认德国的 Nivaflex 最为稳定，其根据也在于它的化学成分，因为 Nivaflex 合金中掺入了 0.3% 微量的 Be，从分子结构理论及金相学的角度分析可知，Be 的原子半径小且具有较强的强化效应，在强化过程中形成的非铁磁相 NiBe，将使合金的固溶体成分发生改变。若选择的热处理规范恰到好处，则弹性模量 $\boldsymbol{E}$ 大为提高，同时使合金的弹性滞后环变得很窄，这些都是稳定悬挂带零位的有利因素。

另外，热处理工艺的微量差异，也会使悬挂带的性能相差很多。以铍青铜悬挂带为例，它的热处理工艺一般为盐浴中加温至 780℃ ±5℃，保温、水淬，再加温至 320℃，保温时效。水淬前的保温时间长短直接影响材料的晶粒度。保温时间短，材料组织固溶不足，晶粒度较小；保温时间长则晶粒粗大。当保温 5 ~ 9min 后水淬，在显微镜下的晶粒大小约为 9 ~ 15μm，其悬挂带零位的重复精度均小于 5″；当保温 3min 或 11min 后水淬，其晶粒度为 8μm 或 22μm，其悬挂带零位的重复精度均大于 5″，有的到 10″。320℃保温时效时间的长短影响到材料的时效析出及晶界处的不连续脱溶。当保温时效 45min 时，材料时效析出较好，其悬挂带的零位重复精度小于5″；当保温时效大于45min，则晶界处不连续脱溶产物增多，其悬挂带的零位重复精度明显下降。

3.2.2 悬挂带的最佳宽厚比

陀螺经纬仪的悬挂带在陀螺灵敏部拉力 $\boldsymbol{P}$ 的作用下，除产生应力外，还将产生平衡的反作用力矩，它由三部分力矩[29]组成：

（1）由剪应力所产生的力矩 $\boldsymbol{M}_\tau$

$$\boldsymbol{M}_\tau = bh^3 G\beta_k \frac{\alpha}{l} \tag{3-4}$$

式中，β_k 是取决于 b/h 比值的系数，当比值 $b/h>10$ 时，式（3-4）可写作

$$\boldsymbol{M}_\tau = \frac{bh^3 G\alpha}{3l} \tag{3-5}$$

（2）在纯扭转条件下由正应力所产生的力矩 $\boldsymbol{M}_E$

$$\boldsymbol{M}_E = \frac{Ehb^5\alpha^3}{360l^3} \tag{3-6}$$

（3）在拉力 $\boldsymbol{P}$ 作用下由正应力所产生的力矩 $\boldsymbol{M}_F$

$$\boldsymbol{M}_F = \frac{\boldsymbol{P}b^2\alpha}{12l} \tag{3-7}$$

因此，悬挂带总的反作用力矩 $\boldsymbol{M}_B$ 为

$$\boldsymbol{M}_B = \frac{bh^3 G\alpha}{3l} + \frac{\boldsymbol{P}b^2\alpha}{12l} + \frac{Ehb^5\alpha^3}{360l^3} \tag{3-8}$$

在总的反作用力矩中，力矩 $\boldsymbol{M}_E$ 所占比例极小，通常 b/h 比值为 10 ~ 20，$\boldsymbol{M}_E$ 在总力矩中仅占 0.3%，因此在计算中可忽略不计，于是式（3-8）可简化为

$$\boldsymbol{M}_B = \frac{bh^3 G\alpha}{3l} + \frac{\boldsymbol{P}b^2\alpha}{12l} \tag{3-9}$$

利用式（3-9）可确定矩形截面悬挂带的最佳宽厚比，设 $k=b/h$，$S=bh$，将其代入式（3-9）可得

$$M_B = \frac{S^2 G\alpha}{3lk} + \frac{PkS\alpha}{12l} \quad (3\text{-}10)$$

式（3-10）两边对 k 求导数，并令 $\frac{dM_B}{dk}=0$，可得最佳宽厚比为

$$k_0 = 2\sqrt{\frac{GS}{P}} \quad (3\text{-}11)$$

如瑞士 GAK－1 陀螺经纬仪悬挂带的尺寸就符合最佳宽厚比，因为它的 $b=0.4\text{mm}, h=0.02\text{mm}, P=0.55\text{kg}$，$G=7840\text{kgf/mm}^2$，因此

$$k_0 = 2\sqrt{\frac{GS}{P}} = 2\sqrt{\frac{7840\times0.4\times0.02}{0.55}} \approx 21$$

而实际上 $k=b/h=0.4/0.22=20$。

当悬挂带为最佳宽厚比时，此时得最小反作用力矩为

$$M_{Bo} = \frac{Sa}{3l}\sqrt{PGS} \quad (3\text{-}12)$$

3.3 零位与导流丝的关系[28]

陀螺经纬仪系统一般采用阻力矩（扭力矩）与陀螺灵敏部摆动扭转角成正比的输电装置，也就是说导流丝给悬挂着的陀螺马达供电时，一端固定，另一端随悬挂着的灵敏部作扭摆运动。而根据弹性支撑理论可知，它将在导流丝中产生一个反作用力矩，为减少导流丝对零位的影响，应注意以下几个方面。

3.3.1 导流丝的材料

由于反作用力矩主要取决于导流丝材料的弹性性能，因此要求导流丝具有高的弹性极限，弹性后效小，抗腐蚀性高，弹性模量的温度系数小，无磁性，焊接性能好，电阻系数和电阻温度系数小等性能。特别是在通电变化时保持良好的稳定性，因为导流丝的微小力学参数变化将直接改变扭摆运动的状态，使零位发生

变化。为了满足上述要求，应该采用高导电、高弹性的铂银、铍青铜、含镁铍青铜等材料制作导流丝。

其次，为了使导流丝对灵敏部运动影响最小，导流丝的截面应尽可能小，一般宽厚比为 10 ~ 20，另外，在装配焊接之前，还要给导流丝通以一定电流进行定性处理，以便在装配焊接后使灵敏部相对仪器壳体保持零位稳定。

3.3.2 导流丝的结构

导流丝的形状随结构而异，有螺旋线导流丝、弧线导流丝和圆形导流丝，如图 3-2 所示。

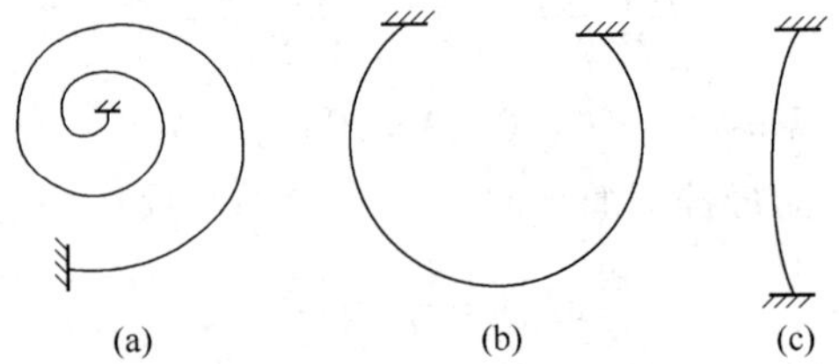

图 3-2 导流丝的形状

（a）螺旋线导流丝；（b）圆形导流丝；（c）弧线导流丝

其结构形式有轴向导流结构和径向导流结构，如图 3-3 所示。

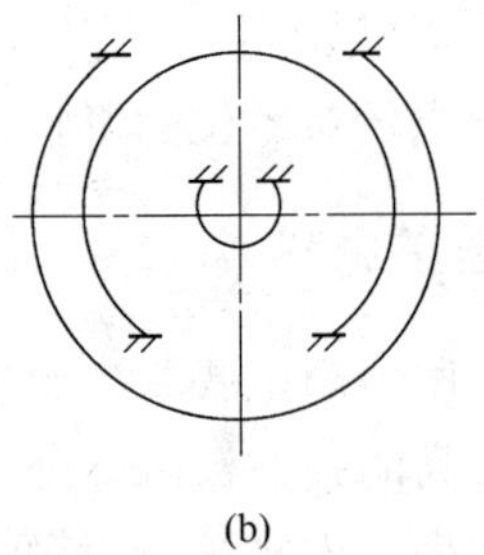

图 3-3 导流丝结构

（a）轴向导流结构；（b）径向导流结构

螺旋线导流丝和圆形导流丝均可构成径向导流结构。前者刚度较好，但灵敏度较差，易使灵敏部的扭摆运动衰减过快，尤其是加工的一致性较差，因此高精度的径向导流结构采用圆形导流丝居多。弧线导流丝构成轴向导流结构。

径向导流结构中，圆形导流丝两两对称配置，它能对导流丝通电和温度变化产生的微小力学参数变化及扭摆运动中圆形丝张弛引起的力矩增减，两两相互抵消，从而最大限度地减少导流丝对零位的影响。

轴向导流结构不具备互相抵消导流丝本身微小力学参数变化带来的干扰。因此，对材料、加工及装配都提出了较苛刻的要求，增加了零位不稳定的因素，这也是部分国产陀螺仪零位不稳定的原因之一，因为，它们大多采用了轴向导流结构，而且导流丝没有成对配置，如 JT60 陀螺仪采用了 3 根导流丝的轴向结构供电。

3.3.3 导流丝的装校

为了保证径向导流结构中 4 根圆形导流丝力学参数的微量变化能两两互相抵消，在导流丝的装校细节上要严格把住以下几个环节：

（1）导流丝的装校要保持其自然的成形状态，即夹紧装校时不应产生预应力。由于导流丝是高弹性材料制成，成形后的导流丝一旦改变成形的自然状态，就会产生恢复弹力，只有当夹紧装校时保持其自然状态，它的恢复弹力才等于零。

（2）导流丝的装校应两两严格对称：尺寸对称、形状对称、以保持它们在静态和动态时所产生的力和力矩在大小和方向上均能互相抵消。

（3）导流丝的螺旋夹紧力在保证不产生接触电阻的前提下应该一致。

最后应该特别指出的是，尽管严格选择导流丝的材料、注意导流丝的结构和装校，导流丝对零位仍然有影响。为了完全消除导流丝对零位的影响，那么只有在陀螺经纬仪结构中取消导流丝，当陀螺仪采用直流马达时就可以做到，如德国 WBK 厂生产的 Gyromat 和我国唐山煤炭研究分院生产的 FT90 陀螺仪就取消了导流丝，因为他们把陀螺电源与陀螺马达一起装配在陀螺房里。据解放军第二炮兵第一研究所的应用实践可知，Gyromat - 2000 陀螺仪半年内零位变化不超过 ±5″，同样唐山煤炭研究分院的 FT90 陀螺仪的零位也相当稳定。

3.4 零位与陀螺马达的关系

零位与陀螺马达的关系可从陀螺马达的组成谈起，当陀螺经纬仪使用交流马达时，由于陀螺马达轴和轴承都是钢的，它们在磁场中将被磁化，具有一定大小和方向的磁矩。此外陀螺马达转子由于电磁感应而产生涡流，此涡流也形成磁场，这一磁场与仪器磁屏内的磁场发生作用，从而会影响悬挂的陀螺敏感部的零位。

当陀螺仪使用直流马达时，马达对零位的影响更大，因为，直流马达一般使用永磁磁钢，即使采用国产优良稀土磁钢并经过了挑选，也难做到转子中磁钢的各点磁密度完全一致。再者由于受转子结构的限制，在磁钢外层加上软磁合金磁屏，也避免不了转子中不均匀磁场的外泄。这一不均匀的剩余磁场与仪器磁屏内的多种剩磁发生作用，使悬挂的陀螺敏感部的零位随陀螺马达转子的角位置的不同而变化。

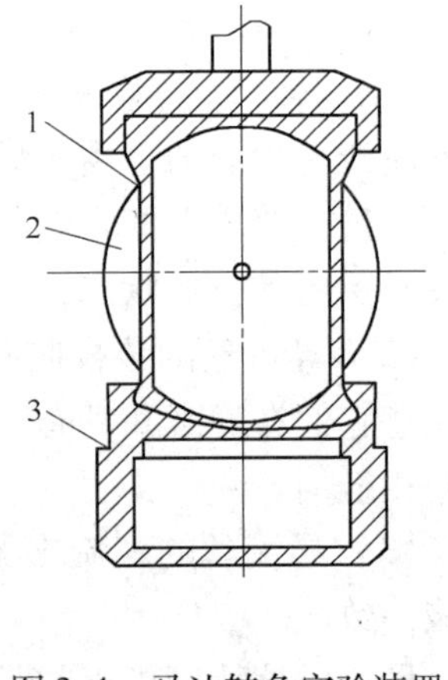

图 3-4 马达转角实验装置

1—内房体；2—马达；3—配重

为了探讨零位与马达转角的关系，文献[28]用了如图 3-4 所示的实验装置，即将陀螺敏感部的外房体去掉，只保持陀螺敏感部的质量和重心不变，当陀螺敏感部自由摆动时，拨动马达转子，逐步改变转角，依次测出零位值，其零位与转角的关系如图3-5所示。

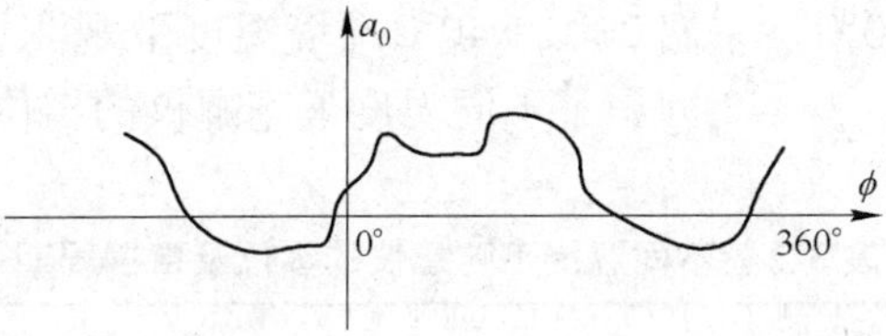

图3-5 零位（a_0）与转角 ϕ 的关系

从图3-5和实验中可知：

(1) 马达转子的角位置与零位值有一一对应的关系。也就是说无论马达转子是正转还是逆转，这一对应关系不变。

(2) 在仪器的磁屏之外的不同位置放置一个小磁场，上述的这一对应关系也不改变；如果去掉仪器的磁屏之后，这一对应关系发生变化。

由于在陀螺定向时，每次锁放陀螺灵敏部是任意的，也就是说马达转子的角位置是随机的，因此，它引起的零位变化也是随机的。为了消除或消减陀螺马达对零位的影响，可在马达外房体之外加几层内磁屏，从而将马达的剩余磁场与仪器磁屏内的各种剩磁相隔离，达到稳定零位的目的，如德国Gyromat陀螺仪就安装了3层内磁屏蔽，从而使零位较稳定。

3.5 温度变化对零位的影响

由于每次定向时环境温度不完全相同，特别是在夏天和冬天，地面和矿山井下一般存在20～30℃的温差，于是便产生了一个问题，即温度变化时，零位是否能保持稳定，为此作者用国内外几台陀螺经纬仪进行了实验研究。

3.5.1 实验方法与结果

实验在高低温实验室中进行，实验仪器为 GAK－1（20805）和 FT90（981）；由于设计陀螺仪的环境温度为－10～40℃，所以分别在－10℃、室温 20℃、40℃环境温度下观测了 10 个零位和自摆时间。表 3-2 列出了不同温度下陀螺仪的零位和自摆时间的平均结果。

表 3-2 不同温度下陀螺仪的零位及自摆周期

零位与周期 / 仪器型号	－10℃		20℃		40℃	
	零位/格	周期/s	零位/格	周期/s	零位/格	周期/s
GAK－1（20805）	－0.27	58.674	－0.41	59.032	－0.37	59.128
FT90（981）	－1.08	61.786	－0.63	61.958	－0.37	62.064

另外，还用 JT15 陀螺仪（04939）实验了环境温度变化对悬挂带零位影响的规律，表 3-3 所列是观测 30 次的平均结果。

表 3-3 环境温度变化对悬挂带零位的影响

温度/℃	5	10	15	20	25	30	35	40
零位/格	0.28	0.26	0.25	0.24	0.23	0.20	0.13	0.11

3.5.2 讨论与分析

从表 3-2 和表 3-3 可知，无论是 GAK－1 还是 FT90 或 JT15 陀螺经纬仪，环境温度变化均会影响悬挂带零位值，但是每台仪器的影响规律不相同，其中 FT90（981）影响最大，其变化近似线性关系，即随着温度不断升高，零位值越来越小；而 GAK－1（20805）在 20℃时零位值最大，其他温度时逐步减少。对于 JT15（04939）随着温度不断升高，零位值越来越小，但变化不是线性规律，而是当温度较低时，零位变化缓慢；当温度较高特别是大于 25℃时，零位变化较快。温度影响零位值的原因可以这样来解释[29]：

大家知道，悬挂带零位主要受悬挂带和导流丝的影响，一旦悬挂带和导流丝安装好且保持状态不变时，零位值也相对稳定。但由于悬挂带和导流丝都是弹性元件，因此当环境温度发生变化时，它们的几何尺寸与材料弹性模量也会随之发生变化，从而产生温度误差，其中弹性模量随温度的变化关系可表示为

$$E_t = E_0(1 - r_E \Delta t) \tag{3-13}$$

式中 E_t——温度为 t 时材料的弹性模量；

E_0——在标准温度 t_0 时（一般为20℃）材料的弹性模量；

r_E——弹性模量温度系数；

Δt——温度变化量（$\Delta t = t - t_0$）。

设弹性元件因温度变化引起的相对误差用 $\boldsymbol{\eta}_t$ 表示，即

$$\eta_t = \frac{\Delta W_t}{W_0} \tag{3-14}$$

式中，ΔW_t 为因温度变化引起弹性元件的位移变化量。当刚度为常数时，弹性元件的位移 $W = \boldsymbol{P}/K$；而元件的刚度 $K = CE$（C 为比例常数），因此

$$W = \frac{\boldsymbol{P}}{CE} \tag{3-15}$$

式中，$\boldsymbol{P}$ 是作用于弹性元件上的集中力。

当温度变化为 t 时，弹性元件的位移变化量为

$$\Delta W_t = \frac{\mathrm{d}w}{\mathrm{d}t} t \tag{3-16}$$

式（3-15）对 t 微分，结合式（3-13），略去 $r_E \Delta t$ 项可得

$$\frac{\mathrm{d}w}{\mathrm{d}t} \approx \frac{\boldsymbol{P}}{CE} r_E \tag{3-17}$$

把式（3-16）、式（3-17）代入式（3-14）得当弹性元件刚度为常数时，温度引起的相对误差

$$\eta_t = r_E t \tag{3-18}$$

另外弹性元件受热后会发生膨胀，引起弹性元件几何尺寸的变化，这也会产生温度误差，当弹性元件工作尺寸为 l 时，温度

从 t_0 变化到 t 长度伸长为

$$l_t = l_0(1+\alpha\Delta t) \tag{3-19}$$

式中 l_t——温度为 t 时弹性元件的工作长度；

l_0——在标准温度（$t_0=20℃$）时弹性元件长度；

α——弹性元件的线胀系数。

从式（3-13）、式（3-18）、式（3-19）可以看出：随着温度变化，弹性元件的弹性模量、工作长度会发生变化，从而产生相对误差。也就是说不同温度时，悬挂带和导流丝的状态各不相同。

关于不同温度时悬挂带的状态不相同的原因，也可以用悬挂带的自摆周期来解释。

因为悬挂带自摆周期 T 为

$$T = 2\pi\sqrt{\frac{J}{D_B}} \tag{3-20}$$

式中，J 为陀螺房绕竖直轴的转动惯量，当陀螺转子结构确定后，它是个不变的值，D_B 为悬挂带扭矩系数，它与悬挂带长度 l、宽度 b、厚度 h、剪切模量 G、预拉力 $\boldsymbol{p}$ 的关系为

$$D_B = \frac{bh^3G}{3l} + \frac{\boldsymbol{p}b^2}{12l} \tag{3-21}$$

从表 3-2 的结果可知，不同的仪器，不同的温度时，其自摆周期各不相同，因此由式（3-20）、式（3-21）可知悬挂带在不同温度时的 D_B 不相同，也就是说悬挂带的状态不相同，即零位不相同。至于不同的仪器受温度影响变化规律不相同的原因，作者认为是不同的仪器采用了不同的弹性元件，而不同的弹性元件有不同的线胀系数、长度、弹性模量及温度系数等参数；另外还有不同的仪器有不同的结构等。

根据以上的实验结果可知，温度变化会影响悬挂带零位值，从而对测定的方位角产生影响。虽然在陀螺定向时，采用了测前测后的平均零位作为进行零位改正的依据，但是这样做的前提是

测前与测后之间的零位是线性变化的，然而实际上并非都如此，况且当零位值较大时，虽然进行了零位改正，但仍然有剩余零位误差影响，因此为了减少零位误差影响，可采取以下措施：

（1）尽量选择地面与地下温差较小时进行陀螺定向。

（2）为了减少温度对零位的影响，陀螺仪生产厂家应把三相异步电动机换成直流电动机，以减少陀螺马达温升，另外尽可能选用温升小的弹性元件作灵敏部的零部件。

3.6 零位稳定性对比实验

前面几节分别研究了悬挂带、导流丝、陀螺马达、温度与零位的关系，找出了它们影响零位的原因，这些为提高国产陀螺经纬仪的稳定性奠定了基础。

按照前面的分析，用国产悬挂带、导流丝、电源等分别代替 GAK－1 陀螺仪（20805）的原配件，进行了零位稳定性和定向结果对比实验。其中悬挂带材料为恒弹合金 76—2，并且使它的热处理工艺恰当，悬挂带的受力状态处在比例极限的 1/2，悬挂带的尺寸为最佳宽厚比。导流丝材料为锑锌青铜合金，结构为径向结构圆形导流丝，并严格注意了导流丝装校的几个环节。

表 3-4 是对比测试结果，其中定向分别用中天法和逆转点法观测了 16 个测回，*m* 为一次测定中误差。

表 3-4 零位和定向稳定性对比实验结果

项 目	零位范围/格	逆转点法/(° ′ ″)	*m*/(″)	中天法/(° ′ ″)	*m*/(″)	平均值/(° ′ ″)	*m*/(″)
GAK－1原配件	0.098 ~ 0.258	352 08 39.6	10.8	352 08 39.1	11.8	352 08 39.4	11.0
国产悬挂带	－0.032 ~ 0.050	352 08 41.9	4.7	352 08 47.0	6.1	352 08 44.4	5.9

续表 3-4

项 目	零位范围/格	逆转点法/(° ′ ″)	m/(″)	中天法/(° ′ ″)	m/(″)	平均值/(° ′ ″)	m/(″)
国产悬挂带与导流丝	0.212~0.348	352 09 22.9	6.1	352 09 35.8	9.5	352 09 29.3	10.2
国产悬挂带导流丝、电源	0.174~0.309	352 09 23.8	6.8	352 09 20.8	11.5	352 09 22.2	8.9

从表 3-4 中的结果可知，当选择的国产悬挂带和导流丝处于最佳性能，且悬挂带受力状态也处在比例极限的 1/2 左右时，国产悬挂带、导流丝、逆变器的零位和定向精度完全可以做到和国外同类陀螺仪的原配件一样稳定。

4 温度变化对陀螺定向的影响研究

4.1 概述

对陀螺经纬仪来说，温度变化包括两方面：一方面是陀螺仪内部产生的温升；另一方面是陀螺定向时外界环境温度的变化。

内部温升是由于陀螺马达安装在密封的陀螺房中，转子高速旋转造成的功率损耗所引起的。既然陀螺仪工作时会产生温升，那么温升如何测定，温升对陀螺定向有何影响，如何减少其影响是本章首先研究的问题。

外界环境温度变化主要是指在地面已知边上测定仪器常数时的环境温度和在测定陀螺方位角时的环境温度不相同。由于温度有变化，因此，陀螺仪的仪器常数是否稳定，如不稳定其影响机理如何解释，还有如何消除或削弱温度变化对陀螺定向的影响，这些也是本章所要研究的问题。

4.2 陀螺仪内部温升对陀螺定向的影响

4.2.1 温升产生的原因及测定

4.2.1.1 温升产生的原因

由于陀螺马达都安装在气密式陀螺房中，在转子高速旋转时，它将与周围的气体介质发生黏滞摩擦，从而产生风阻力矩[30]，整个陀螺转子表面的风阻力矩 $\boldsymbol{M}_{\mathrm{s}}$ 为

$$\boldsymbol{M}_{\mathrm{s}} = 2\pi\xi\rho\boldsymbol{\omega}^2 \int r^4\,\mathrm{d}l \tag{4-1}$$

式中 $\boldsymbol{M}_{\mathrm{s}}$——陀螺转子表面的风阻力矩；

$\int r^4 \mathrm{d}l$——陀螺转子的几何因子，其值取决于陀螺转子的几何形状和尺寸；

ρ——气体介质的密度，在空气中取 $\rho = 1.225\mathrm{kg/m^3}$；

$\boldsymbol{\omega}$——陀螺的转子旋转角速度；

ξ——气动阻力系数，其值与雷诺数、转子的形状尺寸、转速、介质的黏度、附面层特性等有关。

其中雷诺数 Re 可按下式确定

$$Re = \frac{\boldsymbol{\omega} R^2}{\gamma} \tag{4-2}$$

式中 Re——雷诺数；

R——陀螺转子的外半径；

γ——气体介质的运动黏度。

由实验空气动力学可知，临界雷诺数 Re_0 为 4.85×10^5，当雷诺数 Re 大于临界雷诺数 Re_0 时，陀螺转子周围的气流为紊流运动，此时的气动阻力系数

$$\xi = 0.0287 / \sqrt[5]{Re}$$

由式（4-1）可知，影响陀螺转子风阻力矩的主要因素为：

（1）陀螺转子的几何因子。转子体的半径与密度越大，风阻力矩越大，且半径的影响尤为大。因此转子体形状的合理设计，对风阻力矩的影响很大。

（2）陀螺马达的结构。陀螺电机转子外轮廓和电机壳体内壁之间的间隔大小、电机壳体（或转子端盖）上通风孔的数量与位置都是影响风阻力矩大小的重要因素。

（3）转子的角速度。角速度越高，风阻力矩越大。

（4）气体介质的性质。由式（4-1）与式（4-2）可知，风阻力矩同气体介质的密度与运动黏度有关，同时，气体介质的其

他性质对陀螺仪的精度与可靠性也有一定的影响，因此必须选择合适的气体介质，目前一般选氮气和氢气作为气体介质。

很显然当陀螺仪转子的尺寸、结构及充气介质确定后，陀螺马达转速越高，风阻力矩就越大，电机克服风阻力矩所需的功率也越大，因此产生的温升也越大。

4.2.1.2 测定温升的方法与结果

关于陀螺马达产生温升的测定方法有多种，在此采用测定陀螺马达启动前后线电阻的方法来计算温升，其公式为

$$\Delta T = (R - R_0) \times (235 + t)/R_0 \qquad (4\text{-}3)$$

式中 ΔT——马达启动前后产生的温升；

R_0——启动前线电阻；

R——启动后线电阻；

t——环境温度。

根据式（4-3），作者用 GFC－8130G 数字万用表测定了几台陀螺经纬仪运转 1h 的温升，结果见表 4-1。

表 4-1 陀螺经纬仪运转 1h 的温升

仪器型号	t/℃	R_0/Ω	R/Ω	ΔT/℃
GAK－1（20805）	25	292.1	309.7	15.7
TJ84（403）	25	171.8	190.0	27.5
TJ84（990）	11.5	169.0	185.0	23.3
JT15（81473）	27.5	189.2	207.0	24.7
DJ6－T60（76575）	26.5	13.3	15.4	41.4

4.2.2 温升对陀螺定向影响的探讨

4.2.2.1 实验结果

从表 4-1 的结果可知，无论是国内还是国外的陀螺仪，当陀

螺仪采用交流马达时，启动1h后都有较大的温升，其中DJ6－T60温升最大达41.4℃，GAK－1最小，但也有15.7℃，国产JT15和TJ84均为25℃左右。为了探讨温升对陀螺定向的影响，对两台JT15陀螺仪进行了启动后连续2h的逆转点法观测，其摆动中值结果见表4-2。

表4-2 JT15陀螺仪连续2h的摆动中值（° ′ ″）

JT15（04939）			JT15（04932）		
353 45	353 44	353 45 00	6 03 10.5	6 02 55.5	6 03 15.0
40	36	44 43	04.4	40.5	15.0
31	48	43	02 43.5	48.0	04.5
09	36	45 21	41.0	03 06.3	01.5
44 41	58	44 29	03 18.0	10.5	07.5
45 53	45 24	53	22.5	31.5	13.5
45 37	31	45 22	01.5	39.0	01.5
44 55	19	44 49	01.5	54.0	01.5
43	00	52	04.5	48.0	
48	07				
$m=\pm22.6''$			$m=\pm18.2''$		

4.2.2.2 理论讨论

从表4-2可知，两台陀螺经纬仪的一次测定中误差均超过15″的标称精度，04939号陀螺仪在2h内摆动中值最大变化达84″，其中相邻最大变化为72″；04932号陀螺仪最大变化为73.5″，其中相邻均值变化为37″，它们均超过《煤矿测量规程》[31]规定的摆动中值最大互差限差35″的要求。

JT15陀螺经纬仪摆动中值漂移如此大的原因可能是多方面的，但作者认为主要是它的马达温升造成的。因为JT15陀螺仪选用的是DT－4电动陀螺马达，该马达主要是飞机瞄准器及航空半罗盘用的，精度以度计，也就是说马达精度较低；另外根据前面的测定，它在1h内有25℃的温升。显然陀螺仪的工作温度变化时，其重心由于结构材料线膨胀系数的不同而发生位移，从而使陀螺仪的摆动中值漂移，下面用数字加以说明。

JT15陀螺仪的动量矩 $\boldsymbol{H}=0.392\text{kg}\cdot\text{m}^2/\text{s}$，陀螺房质量0.85kg，精度±15″，摆动周期8min。

根据《煤矿测量规程》[31]，要求摆动中值最大互差为35″，两个周期的时间为960s，那么漂移角速度的允许值为

$$\boldsymbol{\omega}_{\text{p}}=1.515\times10^{-7}\text{rad/s}$$

则漂移的外力矩为

$$\boldsymbol{M}_{\text{P}}=\boldsymbol{\omega H}=5.94\times10^{-8}\text{kg}\cdot\text{m}^2/\text{s}^2$$

而陀螺经纬仪中的陀螺是两自由度的，陀螺房用一根金属带吊挂起来，调整时使陀螺轴位于水平面内，陀螺房重心通过悬挂中心。由于陀螺房重心因温升会移动而离开悬挂中心，因此，陀螺轴偏离水平面时，产生外加重力矩，其值为

$$\boldsymbol{M}_{\text{Z}}=mgl=8.33l$$

式中 m——陀螺房质量0.85kg；

g——重力加速度 9.8m/s^2。

由于
$$\boldsymbol{M}_{\text{P}}=\boldsymbol{M}_{\text{Z}}$$

所以
$$l=7.1\times10^{-9}\text{m}=7.1\times10^{-3}\mu\text{m}$$

由于陀螺房是悬挂带柔性悬挂，当重心偏离悬挂中心时，表现为陀螺轴偏离水平面，即在原来陀螺轴摆动规律外，与水平面的夹角有微小变化，如果重心仅移动 $7.1\times10^{-3}\mu\text{m}$ 就停了，仅使倾角在原来调整时的残差上增加这一微量，摆动中值不会产生漂移，只有重心不断移动，使这附加外力矩不断增加才能产生漂移，两个周期960s其重心移动量为

$$l_0=6.8\mu\text{m}$$

可见要保证陀螺摆动中值符合规程要求，从温度影响来看，必须保证重心移动量 $l_0\leqslant6.8\mu\text{m}$，但实际上JT15位移量要比 l_0

大得多，因此，摆动中值大大超过了限差要求。

4.2.3 改进实验与结论

从前面的分析可知，要使陀螺摆动中值稳定，必须要求陀螺仪在工作期间温升小，而马达是陀螺仪的心脏，因此，只有选用温升小的高质量马达，才能使陀螺摆动中值漂移小。根据国内外的文献资料可知，永磁无刷直流马达相对交流马达来说，具有以下优点：

（1）控制电路结构简单、体积小、质量轻，可提高工作的可靠性。

（2）减少了导流丝，可明显减少干扰力矩、有利于提高陀螺仪的精度。

（3）采用了高磁能积稀土磁钢，显著地提高了磁负荷，降低了电负荷，使它的输入功率小，电动机效率高、温升小，有利于减少温度引起的摆动中值的漂移。

表4-3是航天部一院十五所针对国内各种陀螺马达所做的性能对比实验结果。

表4-3 陀螺马达性能对比结果

性能 \ 电机类别	异步电机	磁滞电机	永磁电机
功耗/W	9~11	5~6	1.6~1.8
总功耗/W	18~48	12~14	2~2.5
启动时间/min	3~4	2.5	0.8
工作电流/A	0.7	0.5	0.1

续表4-3

性能＼电机类别	异步电机	磁滞电机	永磁电机
角动量/g·cm^2·s^{-1}	4000	2500	1800
角动量稳定度	10^{-2}	10^{-3}	5×10^{-4}
工作效率/%		50	95

另外，西安测绘研究所、西北电讯工程学院也做了类似的对比实验，并发现在外界温度为10℃条件下，直流马达旋转半小时后，温升只有3～5℃，而德国Gyromat采用的直流马达温升只有1～3℃。

由此可见直流马达温升小、效率高、稳定性好。经过广泛调查，发现天津七零七所生产的ZT－1型直流马达在国内处于领先水平，为此把它安装到TJ84陀螺仪中进行了改进实验测试，并采取了如下措施：

（1）陀螺仪与经纬仪的连接强制归心部分进行了精心调整，连接误差控制在±5″以内。

（2）陀螺仪与外壳采取措施，以保证外壳与内部陀螺仪轴不发生相对移动。

测试时为了对比，分别对GAK－1（20805）、Gi－C11（193141）、TJ84（改进9902）3台陀螺经纬仪进行了马达连续运转8h的观测实验，测试结果如图2-1、图2-2、图2-3、图2-4及表2-10所示，表2-10中有5台仪器，但只有GAK－1（20805），Gi－C11（193141）、TJ84（改进9902）3台陀螺经纬仪连续运转了8h。

另外，还将改进型的TJ84与GAK－1分别放到一个透明门立式冰柜中进行常温与低温（－9℃）对比测试，以检验仪器在不同环境温度下的性能。

由测试结果可以看出：

（1）GAK-1（20805）与TJ84（改进9902）在观测中摆动中值系统漂移量小，摆动中值呈现出一种周期性波动，最大最小差值分别为40.2″、47.2″，Gi-C11（193141）在前期系统漂移量大，后期摆动中值也呈现出周期性波动，波动的最大最小差值为73.1″。

（2）研究马达运转8h中天法观测结果，发现中天法摆幅的衰减是很小的均匀衰减，不存在运转到某一时刻突然出现大幅度衰减的情况，这与文献［33］的提法不一致。

经过理论探讨和大量的对比测试实验，可得出以下几点结论：

（1）作为陀螺仪的马达，应在结构上完全对称，其轴向与径向间隙一定要小，马达两端端盖要采用能补偿变形的薄壁零件，这样有利于温升时重心位置稳定，减少漂移。

（2）交流马达由于温升大，因此，使用它不仅使陀螺仪的零位不稳定，而且由于它有较大的重心移动，从而导致陀螺仪摆动中值漂移量大。

（3）永磁无刷直流马达性能稳定、效率高、温升小，是较为理想的一种陀螺马达，采用它不仅能使摆动中值漂移量小，而且可大大提高陀螺仪的精度和稳定性。

（4）在常温与低温（-9℃）下，改进TJ84和GAK-1的陀螺摆动中值比较稳定，它们的稳定性和精度相当。

4.3 外界环境温度变化对陀螺定向的影响

目前，我国矿山一般都采用“2-2-2”的作业程序来进行井下未知边的陀螺定向，即首先在地面已知边上两测回定向求得仪器常数，其次在井下定向边上用两测回测量陀螺方位角，然后返回地面后再两测回定向求得仪器常数作检核。由于矿山井下和地面一般都存在一定的环境温差，特别是冬季和夏季这种温差可达20~30℃，于是便产生了一个问题：即在地面已知边上定向求得的仪器常数是否能真正代表井下未知边定向时的仪器常数，也就是说外界温度变化对陀螺定向是否有影响，这是本节要讨论的问题。

4.3.1 实验方法与结果[34]

实验地点在一层的一间房子里，实验仪器为 JT15 陀螺经纬仪（04939）与电子秒表，观测目标为固定在墙上的十字丝标志。为减少其他因素的影响，仪器整平后固定不动，房内温度通过捆在陀螺仪上的温度计读出，温度高低由房内的电炉调节。在 5～35℃之间每隔 5℃分别观测了 15 个测回。另外，为了减少陀螺仪内部温升对定向的影响，每个测回间停止马达运转 30min，表 4-4 所列是不同温度时，陀螺北方向值的实验结果。

表 4-4 不同温度时陀螺北方向值

温度/℃ 测回/(°′″)	5	10	15	20	25	30	35
1	15 25 16	15 25 27	15 25 43	15 25 58	15 26 16	15 26 33	15 27 17
2	23	33	27	54	07	36	06
3	19	36	49	49	24	36	03
4	17	26	43	26 00	11	28	26
5	14	46	41	25 53	18	36	09
6	18	43	39	49	17	50	05
7	34	35	32	26 03	24	50	08
8	27	32	44	02	19	43	18
9	15	24	28	04	01	46	06
10	16	23	35	08	17	37	10
11	30	35	42	04	11	34	13
12	28	24	47	05	08	41	09
13	27	37	43	00	07	47	13
14	24	29	48	02	24	45	13
15	10	25	33	25 50	09	40	24
平均值	15 25 21.2	15 25 31.2	15 25 39.6	15 25 58.7	15 26 14.3	15 26 40.1	15 27 12.0

4.3.2 影响原因分析

从表4-4可以看出，随着温度的不断升高，陀螺北方向值不断增大，其影响原因可解释如下：

由于陀螺灵敏部一般由铝合金等材料组成，当温度不断升高时，材料会膨胀伸长，导致重力矩增大，在不考虑空气摩擦阻力矩、悬挂带扭矩时，由式（1-17）、式（1-19）得陀螺运动方程

$$J_y \frac{d^2\beta}{dt^2} - \boldsymbol{H\omega}\sin\varphi + \boldsymbol{H}\frac{d\alpha}{dt} + Pl\beta = 0 \tag{4-4}$$

$$J_z \frac{d^2\alpha}{dt^2} - \boldsymbol{H\omega}\cos\varphi\sin\alpha - \boldsymbol{H}\frac{d\beta}{dt} = 0 \tag{4-5}$$

式中 J_y，J_z——分别为陀螺绕 y、z 轴的转动惯量；
α，β——陀螺运动的水平角及高度角；
t——时间；
$\boldsymbol{H}$——陀螺自转动量矩；
$\boldsymbol{\omega}$——地球自转角速度；
φ——观测地点的纬度；
P——陀螺房的质量；
l——陀螺房重心距悬挂带下悬挂点的距离。

略去 $J_y \frac{d^2\beta}{dt^2}$ 由式（4-4）得

$$\beta = \frac{\boldsymbol{H\omega}\sin\varphi}{Pl} - \frac{\boldsymbol{H}d\alpha}{Pl dt} \tag{4-6}$$

式（4-6）两边对时间微分得

$$\frac{d\beta}{dt} = -\frac{\boldsymbol{H\omega}\sin\varphi}{Pl^2}\frac{dl}{dt} + \frac{\boldsymbol{H}}{Pl^2}\frac{d\alpha}{dt} - \frac{\boldsymbol{H}}{Pl}\frac{d^2\alpha}{dt^2} \tag{4-7}$$

把式（4-7）代入式（4-5）并取 $\sin\alpha \approx \alpha$，整理得

$$\left(J_z + \frac{\boldsymbol{H}^2}{Pl}\right)\frac{d^2\alpha}{dt^2} - \frac{\boldsymbol{H}^2}{Pl^2}\frac{dl}{dt}\frac{d\alpha}{dt} - \boldsymbol{H\omega}\cos\varphi\alpha = -\frac{\boldsymbol{H}^2\boldsymbol{\omega}\sin\varphi}{Pl^2}\frac{dl}{dt} \tag{4-8}$$

非齐次方程（4-8）的解由它的齐次方程的通解 α_1 与特解 α_2 组成，其中符合陀螺摆动规律的齐次方程的通解为

$$\alpha_1 = e^{at}(C_1\cos bt + C_2\sin bt) \tag{4-9}$$

式（4-9）中 C_1、C_2 是由初始条件确定的常数。

$$a = \frac{\boldsymbol{H}^2}{Pl^2}\frac{\mathrm{d}l}{\mathrm{d}t}/2\left(J_z + \frac{\boldsymbol{H}^2}{Pl}\right)$$

$$b = \sqrt{4\boldsymbol{H\omega}\cos\varphi\left(J_z + \frac{\boldsymbol{H}^2}{Pl}\right) + \left(\frac{\boldsymbol{H}}{Pl^2}\frac{\mathrm{d}l}{\mathrm{d}t}\right)^2}/2\left(J_z + \frac{\boldsymbol{H}^2}{Pl}\right)$$

由方程（4-8）得它的特解

$$\alpha_2 = \frac{\boldsymbol{H}\tan\varphi}{Pl^2}\frac{\mathrm{d}l}{\mathrm{d}t} \tag{4-10}$$

所以方程（4-8）的解为

$$\alpha = \alpha_1 + \alpha_2 = e^{at}(C_1\cos bt + C_2\sin bt) + \frac{\boldsymbol{H}\tan\varphi}{Pl^2}\frac{\mathrm{d}l}{\mathrm{d}t} \tag{4-11}$$

随着环境温度升高，l 变长，因此存在$\frac{\mathrm{d}l}{\mathrm{d}t}$，由式（4-11）可知，温度对陀螺北方向的影响为 $\boldsymbol{H}\tan\varphi\frac{\mathrm{d}l}{\mathrm{d}t}/Pl^2$，它与以下三方面的因素有关：

（1）陀螺仪的有关参数 $\boldsymbol{H}$、P。

（2）观测地点的纬度 φ。

（3）陀螺房重心距悬挂带下悬挂点距离 l 及其移动速度 $\mathrm{d}l/\mathrm{d}t$。

在上面 3 个影响因素中，陀螺仪的参数一般保持不变，因此，当观测地点确定后，温度对陀螺定向的影响主要决定于 l 及 $\mathrm{d}l/\mathrm{d}t$，而 $\mathrm{d}l/\mathrm{d}t$、l 又与陀螺仪材料的线膨胀系数、零部件高低温稳定性时效处理、陀螺仪的结构等有关。

下面以实验的 JT15 陀螺仪为例进行定量分析。设由铝合金等材料组成的陀螺房平均线膨胀系数 μ 为 23.5μm/(m·℃)，这时由温差 Δt、l 及 μ 按公式 $\mu l\Delta t$ 计算出 Δl，然后由伸长的时间

Δt 及 Δl 可计算$\frac{dl}{dt}$，最后可计算出不同温差对陀螺定向的影响，具体计算结果见表 4-5。

表 4-5 温度变化影响陀螺定向的理论计算值

温差/℃	Δl/m	Δt/s	$\frac{dl}{dt}$/m · s^{-1}	理论 $\Delta\alpha$/(″)	实际 $\Delta\alpha$/(″)	备 注
5	11.75×10^{-6}	1	11.75×10^{-6}	6	10.0	
10	23.5×10^{-6}	0.8	29.38×10^{-6}	15.2	18.4	$l=0.1$m
15	35.25×10^{-6}	0.5	70.5×10^{-6}	36.3	37.5	$P=0.85\times9.8$N
20	47.0×10^{-6}	0.5	94.0×10^{-6}	48.5	53.1	$H=0.392$kg · m^2/s
25	58.75×10^{-6}	0.4	146.88×10^{-6}	75.8	78.9	$\varphi=28°$
30	70.50×10^{-6}	0.35	201.43×10^{-6}	104.0	110.8	

从表 4-5 可以看出，由理论公式计算的受温度变化影响的陀螺方位值与实际方位值偏差基本相符，但数量上要小，其原因可以认为实际定向时，方位角不仅受温度变化影响，而且还受其他误差，如仪器误差、观测误差等因素的影响。

4.3.3 改进实验与结论

根据对 JT15 陀螺经纬仪的实验结果和理论分析可知，外界环境温度变化会影响陀螺北方向值，而陀螺北方向值的变化反映了仪器常数的变化，因此，为了消除或削弱温度变化的影响，保证陀螺定向结果的正确性，可采取以下措施：

（1）改进陀螺仪的结构设计和材料选择，并且注意陀螺仪零部件的稳定性处理，消除零件材料的内应力，以提高灵敏部重心对温度变化的稳定性。唐山煤炭研究分院在设计和制造 FT90 陀螺仪时就考虑了这个问题。他们首先选择了线膨胀系数小的材料，其次对陀螺仪的零部件进行了高温低温反复循环两次稳定性时效处理。他们分别对一台 FT90 和一台 GAK－1 陀螺仪在 －10℃、室温和 40℃ 环境温度下，用中天法各观测了5个测回，求出了仪器常数及一测回中误差，结果见表4-6。

表4-6 不同温度下的仪器常数

仪器型号	温度/℃	仪器常数平均值	仪器常数一测回中误差
GAK－1（20805）	－10	1′38.6″	±9.6″
	+27	1′09.6″	±16.2″
	+40	0′51.6″	±10.7″
FT90（981）	－10	1′32.0″	±9.5″
	+19	1′30.2″	±3.8″
	+40	0′55.8″	±13.1″

从表4-6可见，FT90陀螺仪和GAK－1陀螺仪精度相当，它们定向时受环境温度的影响要比JT15陀螺仪小得多，原因是减小了 dl/dt 的值。

（2）求出陀螺仪仪器常数与温度变化的函数关系式，对观测值施加温度改正。德国Gyromat－2000陀螺仪在自动定向时，就进行了温度改正。因为，在它的灵敏部内装有一个温度调节器，此装置的作用是保持定向时温度恒定，但是，考虑到陀螺仪内部与外界环境温度不一致，而且会互相传递，因此，它要求定向工作前内外温度差小于5℃，否则要等待，等待时间 T 可按下式确定[35]

$$T \geqslant \left| t\ln\frac{DT}{Df} \right| \tag{4-12}$$

式中 t——等待时间，取62min；

DT——允许内外温差（5℃）；

Df——实际温差。

只有在陀螺仪内外温度差≤5℃，而且陀螺仪内部温度变化≤0.25℃/min时，Gyromat－2000才自动定向，并将此时的温度代入有关函数式自动进行温度改正，这样便消除了温度对陀螺定向的影响。当然在做这项工作前首先要求出每台陀螺仪的仪器常数与温度的函数关系式，就像每把钢尺都有尺长方程式一样。

（3）如果条件允许，尽量选择地面与地下温差较小时进行陀螺定向，这样温度对定向的影响可忽略不计。

5 陀螺马达转速稳定性对陀螺定向的影响研究

5.1 陀螺马达的选择[36]

由于陀螺马达是陀螺仪的“心脏”，因此要提高陀螺经纬仪的精度及稳定性，必须要考虑陀螺马达的质量。在第 4 章中讨论陀螺仪内部温升对陀螺定向影响时曾经指出，从温升考虑首先应选择直流陀螺马达。本章从动量矩出发来选择陀螺马达。

由陀螺力学原理论可知，陀螺仪敏感地球自转角速度的陀螺力矩 $\boldsymbol{D}_{\mathrm{K}}$ 为

$$\boldsymbol{D}_{\mathrm{K}} = \boldsymbol{H}\boldsymbol{\omega}_{\mathrm{e}}\cos\varphi \tag{5-1}$$

将式（5-1）的动量矩展开得

$$\boldsymbol{D}_{\mathrm{K}} = r^2 m\boldsymbol{\omega}\ \boldsymbol{\omega}_{\mathrm{e}}\cos\varphi \tag{5-2}$$

式中 $\boldsymbol{D}_{\mathrm{K}}$——陀螺力矩；

r——马达转子的旋转半径；

m——马达转子的质量；

$\boldsymbol{\omega}$——马达转子的角速度；

$\boldsymbol{\omega}_{\mathrm{e}}$——地球自转角速度；

$\boldsymbol{H}$——马达转子的动量矩；

φ——观测地点的纬度。

从微观的角度分析

$$\mathrm{d}\boldsymbol{D}_{\mathrm{K1}} = 2rm\boldsymbol{\omega}\boldsymbol{\omega}_{\mathrm{e}}\cos\varphi\mathrm{d}r \tag{5-3}$$

$$\mathrm{d}\boldsymbol{D}_{\mathrm{K2}} = r^2\boldsymbol{\omega}\boldsymbol{\omega}_{\mathrm{e}}\cos\varphi\mathrm{d}m \tag{5-4}$$

$$\mathrm{d}\boldsymbol{D}_{\mathrm{K3}} = r^2 m\boldsymbol{\omega}_{\mathrm{e}}\cos\varphi\mathrm{d}\boldsymbol{\omega} \tag{5-5}$$

由式（5-3）和式（5-4）可知，要使陀螺定向达到高精度

及高稳定性，即希望马达具有以下特点：

（1）马达转速稳定　只有马达转速稳定，才能使动量矩稳定。这样在外力矩一定时，陀螺的进动是稳定的。而要使转速稳定，陀螺电动机必须是机械特性稳定，即陀螺转速不受负载变化的影响，此外还要使电源频率和电压稳定。

（2）马达转子运转平衡和无振动　陀螺马达转子转动不平衡会产生强迫力矩，从而引起陀螺马达的振动，增加陀螺仪的干扰力矩，影响陀螺仪的精度和使用寿命。因此，要求转子在旋转时，应达到所允许的不平衡度，通常用转子重心对旋转轴的偏移量来表示不平衡度，一般允许的不平衡度应在 0.2 ~ 0.4μm 范围内。

（3）任何情况下陀螺马达转子的重心位置要稳定　重心位置的变化将会引起对陀螺灵敏部的干扰力矩，使陀螺仪产生漂移。因此要使重心位置稳定，必须对陀螺马达主轴承的径向、轴向间隙，以及温度的变化提出严格的要求。然而由于陀螺马达是用许多不同的材料制成的，冷与热的温度循环之后，零件的相对位置很难与初始条件完全一致，从而造成重心位移。为了避免或减少产生这些不平衡的因素，一般将陀螺马达做成对称的，并尽量减少材料的种类，材料要很均匀、稳定，温度系数要小，使线膨胀均匀，此外还需降低陀螺马达的功率消耗，减小温升。

从宏观的角度来看，希望用较大的 $\boldsymbol{H}$ 来获得较大的 $\boldsymbol{D}_K$ 值。但是 r、m 过大会使马达的体积增大，从而使主轴承摩擦力矩增加，也就是风阻力矩增大；同样 $\boldsymbol{\omega}$ 过大也会使风阻力矩和轴承摩擦力矩增大；这些都会带来马达的温升过快、过大，从而使陀螺的漂移超限，并使轴承使用寿命降低。因此在设计陀螺马达时，对增大动量矩和减少误差力矩需作权衡，一般应选择大比重的转子材料，选用合适的 r 及 $\boldsymbol{\omega}$ 值来满足对马达的精度要求。

从电气的角度来看，陀螺马达是无负载工作，希望它的内耗，如电、磁损耗，风阻、轴承摩擦阻力等降至最低，以获得较低的功耗，较小的温升；希望马达的启动电流小，启动时间短，惯性时间短。

结合以上几方面的因素综合考虑，作者认为最理想的选择是直流无刷马达，其次考虑三相异步马达。但不管采用何种马达都要求它转速恒定，质心稳定，无振动等。

5.2 陀螺马达转速稳定性对陀螺定向的影响[37]

从上一节可知，不管陀螺仪采用何种马达都要求陀螺马达转速恒定，但实际上陀螺马达的转速由于受负载的变动和驱动它的电源频率及电压的漂移而不稳定，因此，转速不稳定是否影响陀螺定向结果，本节从理论上进行探讨。

由式（1-17）和式（1-19）可知，在不考虑空气摩擦阻力矩和悬挂带扭矩时，陀螺运动方程为

$$J_y \frac{d^2\beta}{dt^2} - J\boldsymbol{\omega}\boldsymbol{\omega}_E \sin\varphi + J\boldsymbol{\omega}\frac{d\alpha}{dt} + \boldsymbol{M}\beta = 0 \tag{5-6}$$

$$J_z \frac{d^2\alpha}{dt^2} - J\boldsymbol{\omega}\boldsymbol{\omega}_E \cos\varphi \sin\alpha - J\boldsymbol{\omega}\frac{d\beta}{dt} = 0 \tag{5-7}$$

式中 J_y，J_z——分别为陀螺仪绕 y、z 轴的转动惯量；

α，β——分别为陀螺运动的水平角和高度角；

$\boldsymbol{\omega}_E$，φ——分别为地球自转角速度和陀螺定向处的地理纬度；

J——陀螺的自转转动惯量；

$\boldsymbol{\omega}$——陀螺马达的角速度；

$\boldsymbol{M}$——陀螺仪的重力矩。

式（5-6）对时间微分且略去$\frac{d^3\beta}{dt^3}$得

$$\frac{d\beta}{dt} = -\frac{J\boldsymbol{\omega}}{\boldsymbol{M}}\frac{d^2\alpha}{dt^2} - \frac{J\boldsymbol{\omega}}{\boldsymbol{M}}\frac{d\boldsymbol{\omega}}{dt}\frac{d\alpha}{dt} + \frac{J\boldsymbol{\omega}_E}{\boldsymbol{M}}\sin\varphi\frac{d\boldsymbol{\omega}}{dt} \tag{5-8}$$

把式（5-8）代入式（5-7）整理得

$$\left(J_z+\frac{J^2\boldsymbol{\omega}^2}{\boldsymbol{M}}\right)\frac{\mathrm{d}^2\alpha}{\mathrm{d}t^2}+\frac{J^2\boldsymbol{\omega}}{\boldsymbol{M}}\frac{\mathrm{d}\boldsymbol{\omega}}{\mathrm{d}t}\frac{\mathrm{d}\alpha}{\mathrm{d}t}-$$

$$J\boldsymbol{\omega}\boldsymbol{\omega}_{\mathrm{E}}\cos\varphi\sin\alpha-\frac{J^2\boldsymbol{\omega}\boldsymbol{\omega}_{\mathrm{E}}}{\boldsymbol{M}}\sin\varphi\frac{\mathrm{d}\boldsymbol{\omega}}{\mathrm{d}t}=0 \tag{5-9}$$

由于 $J_Z \ll \frac{J^2\boldsymbol{\omega}^2}{\boldsymbol{M}}$，$\alpha$ 很小，可认为 $\sin\alpha\approx\alpha$，因此式（5-9）可化简为

$$\frac{J^2\boldsymbol{\omega}^2}{\boldsymbol{M}}\frac{\mathrm{d}^2\alpha}{\mathrm{d}t^2}+\frac{J^2\boldsymbol{\omega}}{\boldsymbol{M}}\frac{\mathrm{d}\boldsymbol{\omega}}{\mathrm{d}t}\frac{\mathrm{d}\alpha}{\mathrm{d}t}-J\boldsymbol{\omega}\boldsymbol{\omega}_{\mathrm{E}}\cos\varphi\alpha-\frac{J^2\boldsymbol{\omega}\boldsymbol{\omega}_{\mathrm{E}}}{\boldsymbol{M}}\sin\varphi\frac{\mathrm{d}\boldsymbol{\omega}}{\mathrm{d}t}=0 \tag{5-10}$$

由式（5-10）可得它的齐次方程的特征方程

$$\frac{J^2\boldsymbol{\omega}^2}{\boldsymbol{M}}r^2+\frac{J^2\boldsymbol{\omega}}{\boldsymbol{M}}\frac{\mathrm{d}\boldsymbol{\omega}}{\mathrm{d}t}r-J\boldsymbol{\omega}\boldsymbol{\omega}_{\mathrm{E}}\cos\varphi=0 \tag{5-11}$$

解式（5-11）得

$$r=-\frac{1}{\boldsymbol{\omega}}\frac{\mathrm{d}\boldsymbol{\omega}}{\mathrm{d}t}\pm\mathrm{i}\sqrt{\frac{\boldsymbol{M}}{J\boldsymbol{\omega}}\boldsymbol{\omega}_{\mathrm{E}}\cos\varphi+\left(\frac{1}{2\boldsymbol{\omega}}\frac{\mathrm{d}\boldsymbol{\omega}}{\mathrm{d}t}\right)^2}=a\pm b\mathrm{i}$$

因此，非齐次方程（5-10）的齐次方程的通解为

$$\alpha_0=\mathrm{e}^{at}(C_1\cos bt+C_2\sin bt) \tag{5-12}$$

式中，C_1、C_2 为由初始条件确定的常数。

非齐次方程（5-10）的特解为

$$\bar{\alpha}=-\frac{J}{\boldsymbol{M}}\tan\varphi\frac{\mathrm{d}\boldsymbol{\omega}}{\mathrm{d}t} \tag{5-13}$$

非齐次方程（5-10）的全解为齐次方程的通解与特解之和，即

$$\alpha=\alpha_0+\bar{\alpha}=\mathrm{e}^{at}(C_1\cos bt+C_2\sin bt)-\frac{J}{\boldsymbol{M}}\tan\varphi\frac{\mathrm{d}\boldsymbol{\omega}}{\mathrm{d}t} \tag{5-14}$$

由式（5-14）可知，陀螺转子转速变化即 $\mathrm{d}\boldsymbol{\omega}/\mathrm{d}t$ 对 α_0 没有影响，它对陀螺北方向值的影响为 $\frac{J}{\boldsymbol{M}}\tan\varphi\frac{\mathrm{d}\boldsymbol{\omega}}{\mathrm{d}t}$。

而转速变化主要取决于驱动马达电源的电压及频率的漂移，因此，下面分别讨论电压、频率对陀螺定向的影响。

5.3 电压变化对陀螺定向的影响

5.3.1 电压变化的原因和结果

当陀螺仪采用三相异步电动机时，为了使陀螺马达的转速恒定，除了要求电源的频率稳定外，还要求输出电压稳定。

由于国产陀螺经纬仪中的稳压系统一般是由几个三极管组成（JT15 有 4 个，DJ2 - T_{20}有 5 个），其中有几个构成复合调整管，由调整管输出的电压一般作为其他部分的工作电源，其输出大小受稳压系统中除去组成复合调整管的其他三极管的控制，因此输出电压的稳定性受以下因素的影响：

（1）输入到逆变器的直流电压的大小。

（2）负载轻重。一般马达启动时，负载重，电压低，马达正常工作后，电压高。

（3）三极管放大倍数。

（4）电路元件参数的变化，如电阻等。

（5）工作时的温度变化。

考虑到陀螺仪定向一次测量读取 5 个逆转点不超过 30min，因此，用数字电压表对几台陀螺经纬仪进行了半个小时的电压稳定性测定，结果见表2-5。

5.3.2 电压变化对陀螺定向的影响

5.3.2.1 计算公式

对于三相异步陀螺电动机来说，其转速 $\boldsymbol{\omega}$ 与驱动它的电源频率及电压的关系式为

$$\boldsymbol{\omega}=2\pi f(1-S) \tag{5-15}$$

式中 $\boldsymbol{\omega}$——电动机转速；

f——驱动马达的电源频率；

S——异步电动机的转差率；

$$S=\frac{n'-n}{n'} \tag{5-16}$$

式中 n'——旋转磁场的同步转速；

n——陀螺电动机的转子转速。

对式（5-15）微分得

$$\mathrm{d}\boldsymbol{\omega}=2\pi(1-S)\mathrm{d}f-2\pi f\mathrm{d}S \tag{5-17}$$

为了讨论问题方便，假设频率无变化，即 $\mathrm{d}f=0$，因此

$$\mathrm{d}\boldsymbol{\omega}=-2\pi f\mathrm{d}S \tag{5-18}$$

下面先来确定电压 u 变化与转差率 S 间的关系式。

由于陀螺马达工作在无负载即空转状态，此时电动机对轴的力矩为 $\boldsymbol{M}_{\mathrm{B}}$，它只克服由转子支座轴承摩擦力矩与风阻力矩组成的阻力矩 $\boldsymbol{M}_{\mathrm{C}}$。在陀螺马达稳定工作状态下，电动机对轴的力矩与转子旋转的阻力矩平衡，即

$$\boldsymbol{M}_{\mathrm{B}}=\boldsymbol{M}_{\mathrm{C}} \tag{5-19}$$

而电动机的力矩值 $\boldsymbol{M}_{\mathrm{B}}$ 与转子的转差率有关，这种关系根据有关文献可表示为

$$\boldsymbol{M}_{\mathrm{B}}=2\boldsymbol{M}_{\mathrm{m}}\frac{S}{S_{\mathrm{K}}} \tag{5-20}$$

式中 $\boldsymbol{M}_{\mathrm{m}}$——电动机的最大转矩；

S_{K}——电动机给轴以最大转矩时，转子的临界转差率。

对一台电动机来说 S_{K} 是一个常数，因为它只与异步电动机转子的活性阻力、磁化外形阻力有关。

最大转矩 $\boldsymbol{M}_{\mathrm{m}}$ 与输入电压 u 的平方成比例，其计算公式为

$$\boldsymbol{M}_{\mathrm{m}}=Ku^2 \tag{5-21}$$

式中，K 为比例系数，它决定于交流电的频率及相数、极偶数、电动机磁化外形阻力的大小及转子临界转差率的大小。

设在稳定工作状态中，$\boldsymbol{M}_{\mathrm{B}}=\boldsymbol{M}_{\mathrm{C}}$ 为一常数，当供给陀螺马达的电压变化时，由式（5-21）、式（5-20）可知，电动机最大转矩 $\boldsymbol{M}_{\mathrm{m}}$ 及转子转差率 S 将发生变化。

在 $\boldsymbol{M}_{\mathrm{B}}$、$S_{\mathrm{K}}$、$K$ 为常数时，对式（5-21）、式（5-20）求微

分得

$$\frac{\Delta \boldsymbol{M}_{\mathrm{m}}}{\boldsymbol{M}_{\mathrm{m}}}=2\frac{\mathrm{d}U}{U} \tag{5-22}$$

$$\frac{\Delta \boldsymbol{M}_{\mathrm{m}}}{\boldsymbol{M}_{\mathrm{m}}}=-\frac{\mathrm{d}S}{S} \tag{5-23}$$

于是有

$$\mathrm{d}S=-2S\frac{\mathrm{d}U}{U} \tag{5-24}$$

上式即为陀螺马达供电电压与转子转差率的变化关系式。

把式（5-24）代入式（5-18）得

$$\mathrm{d}\boldsymbol{\omega}=4\pi fS\frac{\mathrm{d}U}{U} \tag{5-25}$$

再把式（5-25）代入式（5-13）得

$$\alpha=-\frac{J}{\boldsymbol{M}}\tan\varphi\frac{4\pi fS}{U}\ \frac{\mathrm{d}U}{\mathrm{d}t} \tag{5-26}$$

式（5-26）就是电压变化对陀螺定向影响的计算公式。

5.3.2.2 实验结果与分析

实验室设在一地下室，内有一固定测线，观测目标为固定在水泥墩上的平行光管，水泥墩和仪器架设台的底部均深埋入地下，与地面隔离。实验时用 JT15 陀螺经纬仪一台(06517)，电子秒表一块，稳压电源一台，万用表一个。为了使测量成果不受其他因素的影响，仪器整平后，一直固定在观测台上，经纬仪水平度盘的位置也保持不变。观测时，直流电压由稳压电源调节，交流电压的大小用万用表测定。作者用中天法在直流电压 20～28V 上分别观测了 10 个测回，每个测回之间停止马达运转 20min。表 5-1 列出了电压对陀螺定向影响的平均结果。

从表 5-1 中的结果可以看出，当直流电压从 20V 变化到 22V 时，交流电压变化达 5V 多，陀螺北方向值差 85.8″；当直流电压在 22～28V 之间时，交流电压变化在 0.1～0.9V 之间，此时陀螺北方向值最大之差为 37.1″。这种现象可用前面的计算公式

表 5-1 电压对陀螺定向的影响

直流电压/V	交流电压/V	陀螺北方向值/(° ′ ″)	直流电压/V	交流电压/V	陀螺北方向值/(° ′ ″)
20	AB 31.0 AC 31.0 BC 31.0	34 09 28.7	25	AB 36.9 AC 36.4 BC 36.6	34 07 37.3
22	AB 36.8 AC 36.1 BC 36.0	34 08 02.9	26	AB 37.0 AC 36.5 BC 36.7	34 07 25.8
23	AB 36.8 AC 36.4 BC 36.4	34 07 36.4	27	AB 37.0 AC 36.6 BC 36.8	34 07 31.2
24	AB 36.8 AC 36.3 BC 36.4	34 07 32.8	28	AB 37.0 AC 36.7 BC 36.9	34 07 38.1

来解释：

因为当 $du_1=5V$，$du_2=0.9V$ 时，由式（5-25）可得

$$d\boldsymbol{\omega}_1=4\pi fS\frac{du_1}{u}$$

对于 JT15 来说：$f=400Hz$，$V=36V$，$S=0.1041667$，于是 $d\boldsymbol{\omega}_1=72.72rad/s$，同理可得 $d\boldsymbol{\omega}_2=13.09rad/s$。

设 $t=15s$，则 $d\boldsymbol{\omega}_1/dt=4.85rad/s^2$，$d\boldsymbol{\omega}_2/dt=0.87rad/s^2$。

把 $d\boldsymbol{\omega}_1/dt$、$d\boldsymbol{\omega}_2/dt$ 及 J、$\boldsymbol{M}$、φ 代入式（5-26）可得转速变化对陀螺定向的影响为

$$\alpha_1=-\frac{1.74\times10^{-4}}{1.2495}\times\tan30°\times4.85\times206265=-80.4''$$

$$\alpha_2=-\frac{1.74\times10^{-4}}{1.2495}\times\tan30°\times0.87\times206265=-14.4''$$

可见理论计算结果与实验结果基本相符，有些差别的原因可以认为是陀螺定向结果不仅受电压变化的影响，还受频率变化、

仪器误差、人为误差及外界条件的影响。

另外，当 JT15 陀螺仪在 1s 内变化 0.1V 时，由式（5-26）可知它将产生 24.1″的方位误差，由此可见电压变化对陀螺定向有较大影响。为了减少电压变化，可采取以下措施：

（1）逆变器的输入电压一定要在工作区间内，如表 5-1 中，直流电压 20V 已在工作区以外，此时电池就应充电不能再用。

（2）选用温度系数小的优质元件做逆变器的元器件，以减少温度对电压的影响。

（3）保证三极管元件参数和工作点稳定。

5.4 频率变化对陀螺定向的影响

5.4.1 频率变化的原因及结果

无论陀螺仪采用三相异步电动机还是直流马达，其转子转速稳定性均与频率有关，因为它们的频率基准都采用了振荡器。早期陀螺仪采用的是 LC 或 RC 振荡器，后来采用了音叉振荡器，目前，大多数采用石英晶体振荡器。但不管采用何种振荡器，它们的等效电路均可由电阻、电容器、电感器等组成。由于这些元件受直接和间接因素的影响，均可使频率发生变动，具体引起频率发生变化的原因作者认为有以下几方面：

（1）温度的变化。这是最主要的原因，当温度增加时，由于铁氧体磁心的磁导率增大，因而电感 L 变大，对于电容来说，则根据所用介质材料不同，电容量可能变大，也可能变小。例如，在温度增加时云母电容器的电容量变大，有一类陶瓷电容器的电容量则变小。一般用温度系数来衡量温度对电感和电容的影响，采用铁氧体磁心的电感器和云母电容器都具有正温度系数，有一类陶瓷电容器则具有负温度系数。由于温度变化会引起 L 和 C 数值的改变，因而造成频率的不稳定；另一方面，温度改变，还会使晶体管的工作点和参数发生变化，引起振荡器环路的相位变化，从而造成频率偏移。

（2）电源电压的影响。电源电压的改变会引起晶体管工作点和参数的改变。

（3）负载的影响。负载变化，相当于谐振电路的等效损耗电阻的改变，从而引起频率的变化。

（4）机械的振动会引起电感器和电容器的形状、位置的改变，影响 L、C 的数值。此外外界电磁场的感应以及湿度的变化都可能使 L、C 的数值及寄生电抗变化，造成频率的不稳定。

既然频率受以上几方面因素的影响，那么国产陀螺仪的频率稳定性如何，为此作者对几台陀螺仪进行了半小时的频率稳定度检测，测试结果见表 2-6。

从表 2-6 可以看出：JT15 陀螺仪的频率稳定度较差，未达到 1×10^{-4} 的技术指标要求；TJ84 陀螺仪的频率稳定度也不理想。FT90 陀螺仪由于采用了直流无刷马达，且用了晶体振荡器作频率基准，因此它的频率稳定度较好。

5.4.2 频率变化对陀螺定向的影响

5.4.2.1 交流马达

当陀螺仪使用三相异步电动机时，其转速变化与频率变化的关系为式（5-17），即

$$\mathrm{d}\boldsymbol{\omega}=2\pi(1-S)\,\mathrm{d}f-2\pi f\mathrm{d}s$$

同样为了讨论问题简便，假设电压稳定，即 $\mathrm{d}S=0$，因此，此时转速只受频率变化影响，即

$$\mathrm{d}\boldsymbol{\omega}=2\pi(1-S)\,\mathrm{d}f \tag{5-27}$$

把式（5-27）代入式（5-13）得

$$\bar{\alpha}=-\frac{J}{\boldsymbol{M}}\tan\varphi\,2\pi(1-S)\frac{\mathrm{d}f}{\mathrm{d}t} \tag{5-28}$$

式（5-28）就是交流马达频率变化对陀螺定向影响的计算公式。

下面以 JT15 陀螺仪为例讨论其影响量。

因为，JT15 陀螺仪的 $J=1.74\times10^{-4}\text{kg}\cdot\text{m}^2$，$M=1.2495\text{N}\cdot\text{m}$，$(1-S)=0.8958333$，当 $\varphi=30°$时

$$\bar{\alpha}=93.344\frac{\mathrm{d}f}{\mathrm{d}t} \tag{5-29}$$

由式（5-29）可知，当陀螺仪在 1s 内变化 0.1Hz 时，则 $\mathrm{d}f/\mathrm{d}t=0.1\text{Hz/S}$，此时，$\bar{\alpha}=9.3''$。如果 $\mathrm{d}f/\mathrm{d}t=0.3\text{Hz/S}$，则 $\bar{\alpha}=27.9''$。

检测过的几台 JT15 和 TJ84 陀螺仪的频率漂移速度，可达 0.1～0.2Hz/S，因此根据式（5-28）可知它们对陀螺定向的影响可达 10″左右。这也是这几台陀螺仪摆动中值漂移较大的原因之一。

5.4.2.2 直流马达

当陀螺仪采用直流马达时，其转速与频率的关系为

$$\boldsymbol{\omega}=2\pi f \tag{5-30}$$

微分得

$$\mathrm{d}\boldsymbol{\omega}=2\pi\mathrm{d}f \tag{5-31}$$

把式（5-31）代入式（5-13）可得

$$\bar{\alpha}=-\frac{J}{\boldsymbol{M}}\tan\varphi 2\pi\frac{\mathrm{d}f}{\mathrm{d}t} \tag{5-32}$$

式（5-32）就是直流马达频率变化对陀螺定向影响的计算公式。

下面以 FT90 陀螺仪为例讨论其影响量。

因为 FT90 的 $J=1.6\times10^{-4}\text{kg}\cdot\text{m}^2$，$M=1.764\text{N}\cdot\text{m}$，当 $\varphi=30°$时

$$\bar{\alpha}=67.868\frac{\mathrm{d}f}{\mathrm{d}t} \tag{5-33}$$

由式（5-33）可知，当$\frac{\mathrm{d}f}{\mathrm{d}t}=0.1\text{Hz/S}$，则 $\bar{\alpha}=6.8''$。

检测过的 FT90 陀螺仪的频率变化相当小，因此，可认为它对陀螺定向的影响可忽略。

5.5 改进实验与结论

从前面的实测结果来看，JT15、TJ84 和 DJ2－T20 等国产陀螺经纬仪的电压和频率的稳定性都不理想，因此，根据作者所推导的电压、频率变化对陀螺定向影响的计算公式可知，它们将影响陀螺摆动中值的漂移，也就是说这几台陀螺经纬仪的精度不稳定。为了提高国产陀螺经纬仪定向精度及稳定性，做了几个改进对比实验：

（1）改进 TJ84 电源。在改进实验中主要注意了以下几点：

1）选择温度变化小的材料来制作电感器、电阻器和电容器。

2）尽量减少谐振电路的损耗。

3）减少负载对电路的影响。

4）稳定电源电压，使晶体管工作点及参数稳定。

（2）用改进的 TJ84 电源同 GAK－1 原配件进行了对比定向测试。表 5-2 所列是对比测试的平均结果。其中定向结果分别用中天法和逆转点法观测了 8 个测回，m 为一次测定中误差。

表 5-2 国产电源与 GAK－1 原配件对比结果

项目	零位范围	1＋C 范围	逆转法		中天法		平均值	
			（° ′ ″）	m/（″）	（° ′ ″）	m/（″）	（° ′ ″）	m/（″）
GAK－1 原配件	0.098～0.258	1.226～1.293	352 08 39.6	10.8	352 08 39.1	11.8	352 08 39.4	11.0
TJ84 改造电源	－0.028～0.288	1.224～1.273	352 08 30.2	23.0	352 08 01.2	16.5	352 08 15.8	24.2
国产悬挂带导流丝电源	0.174～0.309	1.340～1.349	352 09 23.8	6.8	352 09 20.8	11.5	352 09 22.2	8.9

（3）改进TJ84陀螺仪即用ZT－1型直流马达替换TJ84中的861型交流马达，电源用晶体振荡器控制频率。

然后对改进的TJ84陀螺仪（9902）、GAK－1陀螺仪（20805）和Gi－C11陀螺仪（193141）分别进行了连续8h的中天法观测，观测结果如图2-1～图2-4及表2-10所示。

通过改进实验可以看出：

（1）对国产陀螺仪逆变器进行改造，可以达到和国外同类仪器相当的精度。

（2）陀螺仪采用直流马达比交流马达效果好，因为电压对定向的影响可忽略。

由前面几节的讨论分析和本节的对比实验可得出以下几点结论：

（1）陀螺马达转速稳定性对陀螺定向有影响，结果可用公式$\frac{J}{\boldsymbol{M}}\tan\varphi\ \frac{\mathrm{d}\boldsymbol{\omega}}{\mathrm{d}t}$来计算。

（2）当陀螺仪采用三相异步电动机时，其输出电压和频率的稳定性都对定向结果有影响。

（3）当陀螺仪采用直流无刷马达时，频率的稳定性对转速或定向结果仍然有影响，电压只要能保持在与马达同步的范围内，电压变化的影响可忽略。

（4）为了提高陀螺马达转速稳定性，保证陀螺定向精度及稳定性，可采取以下措施：

1）选直流无刷马达作陀螺转子，并要求马达质心稳定，无振动；

2）用晶体振荡器控制马达供电频率的基准；

3）选用温度系数小的优质材料做电路的元器件，以减少温度的影响；

4）减少负载对电路的影响；

5）稳定电源电压，使晶体管工作点及参数稳定。

6 磁场变化对陀螺定向的影响研究

6.1 概述

陀螺经纬仪的灵敏部一般都含有由铁磁材料制成的某些零件，其中大部分集中在陀螺马达内。由硬磁材料如合金钢制作的零件首次进入磁场就磁化，以后就保持其磁性，具有一定大小和方向的磁矩。由软磁材料如纯铁、铁镍及铁硅合金制作的零件不具有一定的磁化强度，然而每次放入磁场就磁化获得磁矩，其大小与外磁场强度成比例。此外，陀螺转子在磁场中旋转时，在由金属制成的转子中将感应出涡流，此涡流形成自己的磁场。

由于地球是个大磁场，加上陀螺经纬仪附近的电设备也会产生磁场，因此，当用陀螺经纬仪观测时，外磁场将与陀螺灵敏部的内磁场相互作用，以致产生磁性力矩。然而在现有的陀螺定向方法中，对方位测量精度的影响不是因为灵敏部与外磁场相互作用力矩 $\boldsymbol{M}$ 的绝对值，而是由于这个力矩的大小与方向在观测期间的变化。除了地磁异常以外，这种变化还可能是陀螺安置地点附近有大铁块、电动发电机组、动力线等引起。现在的问题是：如果外界磁场强度有变化，那么它对定向结果有何影响，如何能减少或消除其影响，为此作者进行了研究。

6.2 磁场强度变化对陀螺定向的影响

从 2.2 节可以看出，大多数国产陀螺经纬仪的磁屏蔽防护质量都不理想，当外界磁场变化时，它对这些陀螺经纬仪的定向结果有何影响，为此作者以一台 JT15 陀螺经纬仪（06517）为例进行了实验研究。

6.2.1 实验方法与结果

实验工作分直流磁场和交流磁场两部分。在做直流磁场实验时，直流磁场源由一永久磁铁产生，并把磁铁放在陀螺经纬仪的前方即北方向，此时磁场感应值是指陀螺仪外壳北方向的最大值。对未加磁场源和磁场感应强度分别是 3×10^{-4}T、5×10^{-4}T、10×10^{-4}T、20×10^{-4}T、40×10^{-4}T 时的六种状态，分别用中天法观测了 6 个测回，其中每个测回之间停止马达运转 20min 左右。

在做交流磁场实验时，交流磁场源由自制的大线圈通过交流电产生。为了考察磁场对陀螺经纬仪各个方向的影响规律，对线圈放在陀螺经纬仪的东方、西方、南方、北方四种情况进行了实验。每种情况只进行了两种状态的观测，一种状态是未加磁场源，另一种是磁场感应强度为 5×10^{-4}T，每种状态分别观测了 6 个测回，其中每个测回之间也是停止马达运转 20min。另外，在每个方向观测期间，外界条件基本相同。表 6-1 和表 6-2 所列分别是直流磁场和交流磁场变化对陀螺定向时悬挂带零位及陀螺北方向的平均实验结果。

表 6-1 直流磁场变化时陀螺定向的零位与陀螺北方向值

直流磁场强度 /T	不加零位改正的 N_T /(° ′ ″)	零位/格	加零位改正的 N'_T /(° ′ ″)
0	83 46 48.5	−1.19	83 49 47.0
3×10^{-4}	83 46 39.3	−1.22	83 49 42.3
5×10^{-4}	83 45 51.0	−1.64	83 49 55.4
10×10^{-4}	83 45 32.0	−1.80	83 50 02.0
20×10^{-4}	83 45 07.0	−1.92	83 49 55.0
40×10^{-4}	83 44 41.0	−2.08	83 49 53.0

6.2.2 讨论与分析

从表 6-1 所列的结果可知，随着直流磁场强度的增加，悬挂带零位和不加零位改正的陀螺北方向值越来越小，但加零位改正后的北方向值基本一致。

表 6-2 交流磁场变化时陀螺定向的零位与陀螺北方向值

磁场源方向	磁场强度 /T	未加零位改正的 N_T /(° ′ ″)	零位/格	加零位改正的 N'_T /(° ′ ″)
北面	0	40 08 07.4	-0.70	40 09 52.4
	5×10^{-4}	40 07 29.2	-0.95	40 09 51.7
西面	0	63 03 50.6	-0.80	63 05 50.6
	5×10^{-4}	63 04 31.4	-0.55	63 05 53.9
南面	0	65 36 21.9	-0.84	65 38 27.9
	5×10^{-4}	65 36 04.0	-0.93	65 38 23.4
东面	0	61 22 53.5	-0.81	61 24 54.7
	5×10^{-4}	61 22 10.7	-1.03	61 24 44.9

从表 6-2 可知，交流磁场强度也影响悬挂带零位和不加零位改正的陀螺北方向值。但是磁场源方向不同时，同样大小的磁场强度对悬挂带零位和不加零位改正的陀螺北方向值的影响却不相同，然而加零位改正后的陀螺北方向值不受磁场的影响，这种影响的机理可以解释如下：

陀螺仪设计时，为了防止磁性力矩的干扰，除尽量避免选用磁性材料制造仪器零件外，更主要的是在陀螺灵敏部周围采用高磁导率的磁屏蔽罩，用以隔绝外磁场。屏蔽的作用基于磁旁路原理，如图 6-1 所示，当外磁场的磁通以入射角 α_1 从磁导率为 μ_1 的空气介质穿过界面 AB，进入磁导率为 μ_2 的软磁合金磁导体时，将产生折射，其折射角为 α_2，根据电磁场理论有

$$\frac{\tan\alpha_1}{\tan\alpha_2}=\frac{\mu_1}{\mu_2} \tag{6-1}$$

由于软磁合金的相对磁导率（μ_2/μ_1）$\geqslant 10^5$，因此由式（6-1）可知，折射角 α_2 将接近 90°，也就是说用高磁导率材料制成的磁屏蔽罩，可以使大部分干扰磁通限制在罩壁中，形成旁路。

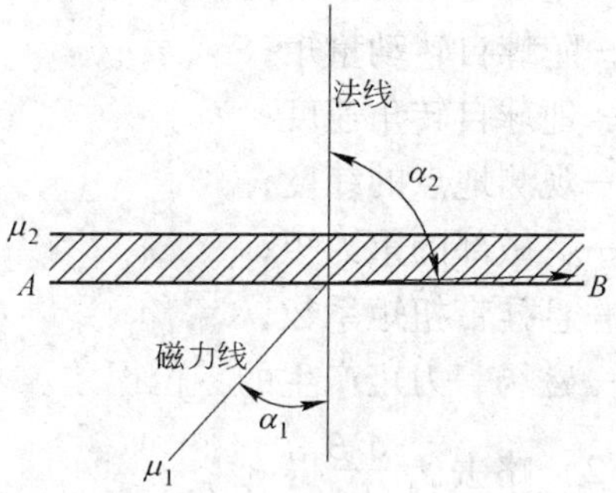

图 6-1 磁旁路原理

屏蔽罩的磁导率越大，旁路作用就越好。

尽管软磁合金具有高的磁导率，但是当磁屏蔽的防护质量下降时，将有部分磁场不能屏蔽，特别是本台实验的 JT15 陀螺经纬仪在观测前曾检测过，发现零位在东、西、南、北 4 个方向最大变化达 0.52 格，这说明它的磁屏蔽防护质量已不很稳定，因此，外磁场不能完全被屏蔽。根据电磁场理论，由图 6-1 所示可知，当外磁通以入射角 α_1 进入时，折射角 α_2 将小于 90°，外磁力线将穿过罩壁直接进入灵敏部，与灵敏部的磁场相互作用，产生一个作用力矩，这个力矩企图转动灵敏部使其合磁矩的矢量与外磁通的方向重合，并结合悬挂带与导流丝的弹性力矩及摩擦力矩对灵敏部的力矩作用一起反映到灵敏部的静平衡与动平衡位置上，从而使悬挂带产生更大的零位误差 $\Delta\alpha$。如果忽略空气摩擦阻力矩，由式（1-17）和式（1-19）可得到考虑磁场影响的陀螺运动方程为

$$J_y \frac{d^2\beta}{dt^2} - \boldsymbol{H}\boldsymbol{\omega}\sin\varphi + \boldsymbol{H}\frac{d\alpha}{dt} + \boldsymbol{M}\beta = 0 \tag{6-2}$$

$$J_z \frac{d^2\alpha}{dt^2} - \boldsymbol{H}\boldsymbol{\omega}\cos\varphi\sin\alpha - \boldsymbol{H}\frac{d\beta}{dt} - D_B\Delta\alpha = 0 \tag{6-3}$$

式中 J_y，J_z——分别为陀螺绕 y、z 轴的转动惯量；

α，β——陀螺运动的水平角及高度角；

$\boldsymbol{H}$——陀螺自转动量矩；

$\boldsymbol{\omega}$——地球自转角速度；

φ——观测地点的纬度；

$\boldsymbol{M}$——灵敏部的重力矩；

D_B——悬挂带扭矩系数；

$\Delta\alpha$——磁场等力矩产生的零位误差。

微分式（6-2）略去 $J_y \dfrac{d^3\beta}{dt^3}$得

$$\frac{d\beta}{dt} = -\frac{\boldsymbol{H}}{\boldsymbol{M}}\frac{d^2\alpha}{dt^2} \tag{6-4}$$

把式（6-4）代入式（6-3）并取 $\sin\alpha \approx \alpha$ 整理得

$$\left(J_z + \frac{\boldsymbol{H}^2}{\boldsymbol{M}}\right)\frac{d^2\alpha}{dt^2} - \boldsymbol{H\omega}\cos\varphi\alpha = D_B\Delta\alpha \tag{6-5}$$

非齐次方程（6-5）的解由它的通解 α_1 与特解 α_2 组成，其中符合陀螺运动规律的齐次方程的通解为

$$\alpha_1 = C_1\cos bt + C_2\sin bt \tag{6-6}$$

式中，C_1、C_2 是由初始条件确定的常数。

$$b = \sqrt{\left(J_z + \frac{\boldsymbol{H}^2}{\boldsymbol{M}}\right)\boldsymbol{H\omega}\cos\varphi \Big/ \left(J_z + \frac{\boldsymbol{H}^2}{\boldsymbol{M}}\right)}$$

由方程（6-5）得它的特解

$$\alpha_2 = -\frac{D_B\Delta\alpha}{\boldsymbol{H\omega}\cos\varphi} \tag{6-7}$$

所以式（6-5）的全解为

$$\alpha = \alpha_1 + \alpha_2 = C_1\cos bt + C_2\sin bt - \frac{D_B\Delta\alpha}{\boldsymbol{H\omega}\cos\varphi} \tag{6-8}$$

由式（6-8）可知，当有未屏蔽的磁场进入灵敏部后，将同悬挂带与导流丝的弹性力矩一起产生零位误差 $\Delta\alpha$。一般是陀螺仪的屏蔽效果越差，外磁场强度越大，磁场强度对悬挂带零位的影响也越大，见表6-1。

由于零位的变化，因此，它将使陀螺轴稳定位置发生变化，其变化值可用公式 $\alpha_2 = D_B \Delta\alpha / (\boldsymbol{H\omega}\cos\varphi)$ 来计算，它相当于零位改正值。因此我们在实际定向时，一定要加入零位改正，以便消除磁场对陀螺定向的影响。

至于磁场强度与零位误差 $\Delta\alpha$ 的对应函数关系，作者认为很难确定，主要原因一是磁场有方向性，二是磁屏蔽各处的防护质量不平衡，见表 6-2。

6.2.3 改进措施与结论

根据对 JT15 陀螺经纬仪的实验可知，当陀螺仪的屏蔽效果不很理想时，无论是直流磁场还是交流磁场，磁场强度的改变均会影响悬挂带零位值，从而对测定的陀螺方位角产生影响。虽然在陀螺定向时，采用了测前测后的平均零位作为零位改正的依据，但是这样做的前提是测前测后之间的零位是线性变化的。然而实际上由于零位受温度等因素的影响并非都如此，况且当零位值较大时，虽然进行了零位改正，但仍然有剩余零位误差的影响，因此为了减少零位误差，提高陀螺定向的精度及稳定性，可采取以下措施：

（1）从仪器结构上加以改造。具体做法是首先尽量采用高磁导率的材料做屏蔽罩，其次增加屏蔽层数，并在屏蔽罩上下增加防磁底盘，此外，还应加强防磁筒的热处理工艺。特别是当陀螺仪采用了直流无刷马达时，屏蔽层数的数量更需要增加，因为直流马达一般使用了永磁钢，也就是说马达内磁场强度很大，如不采取内磁屏防护措施，根据前面的理论分析可知，它将严重影响陀螺的悬挂带零位和定向结果。若采取了措施，将使影响大为减少，如唐山煤炭研究分院在设计和制造 FT90 陀螺仪时就注意了这个问题，他们首先选用了 IT79 软磁合金做屏蔽材料，其次使防磁筒的热处理工艺恰当，另外还使用了三层屏蔽层，其中内屏蔽两层，外屏蔽一层，由于采取了以上措施，因此，其陀螺仪沿东、西、南、北 4 个方向的零位都很稳定，具体结果见表

2－4。

另外，目前国际上精度最高、稳定性最好的自动测量陀螺仪Gyromat－2000也十分注意屏蔽防护质量，它除了选用优质屏蔽材料外，还安装有五层磁屏蔽（内装三层、外装两层），这样它不仅能屏蔽内外磁场的影响，而且还能屏蔽其他外力矩的干扰，因而保持了陀螺仪的高精度及稳定性。相比之下，国内早期的陀螺经纬仪都只安装了一层磁屏蔽，并且上下都没有安装防磁底盘，这样陀螺经纬仪就不能防止磁场等外界干扰力矩的影响，因而其精度及稳定性受到影响。

（2）如果陀螺仪的屏蔽效果不理想时，应避免在磁场强的地方（如有大铁块、发电机组、动力线等地）定向。

（3）陀螺定向时一定要加零位改正。

7 振动对陀螺定向的影响

7.1 概述

前面几章，作者就悬挂带零位、温度变化、陀螺马达转速稳定性、磁场强度对陀螺定向的影响规律分别进行了研究、并提出了改进措施和进行了实验研究。

除上面的因素外，陀螺马达振动、外界振动对陀螺定向也有影响。然而他们的影响规律如何，为此本章进行了研究，并提出了一些解决问题的方法。

7.2 陀螺马达振动对定向的影响[38]

7.2.1 陀螺马达振动的原因

陀螺经纬仪的马达一般由定子、转子等组合件组成。组合件由于温升等其他因素的影响，将可能使其重心位置发生变化，从而引起马达转子转动不平衡，由此产生强迫力矩，引起陀螺马达振动。引起马达重心变化，导致振动的具体原因主要有以下几个方面：

（1）陀螺转子环的设计总是一种折中的方案。因为许多设计原则是相互矛盾的，不仅陀螺转子环本身的所有设计参数不可能达到最佳，而且最好的设计也常常必须受其他因素的限制，例如，所有陀螺零件相互制约的效应，加工和装配问题，可靠性、使用寿命和价格等。既然转子环的所有参数不可能达到最佳，其中必有一些参数选得不够好，这就可能增加随机力矩，增加轴承的预负载，使功率损耗增加，并造成较高的温度梯度和温度梯度的变化，引起较大的随机重量位移，马达转子的重心必然也要位移。

(2) 陀螺房端壁的弹性变形以及由于离心力和其他因素所产生的转子本身的弹性变形，都会引起转子重心的偏移。转子重心偏移量的大小与转子的转数、轮缘强度、转子侧壁底部厚度、转子材料等有关。

(3) 安装转子的轴是刚性轴，刚性轴即使经过了良好的动平衡，由于制造误差引起的挠度和重心的初始偏移，可能使旋转轴产生附加力矩，以致引起陀螺仪平衡状态的变化。

(4) 精密陀螺仪主轴承的装配，以及装配无防尘装置轴承的陀螺组合件的一切操作，都必须在特别清洁的房间内进行。但对于陀螺马达的用户来说，不一定具备特别清洁的工作间，结果不干净的轴承会产生性能不良的随机力矩以及高的磨损率，从而引起马达转子重心的移动。

(5) 由于预负荷轴承对的弹性变形而产生重心位移。

(6) 轴承材料的稳定性不好，轴承的轴向间隙过大也会引起马达重心的偏移。

(7) 采用润滑脂的轴承时，磨合运转的时间不够。

(8) 轴承保持架的材料不够理想，不能吸收足够的油脂，以满足轴承使用寿命的需要。

(9) 由于陀螺马达由不同的材料所组成，而各种材料有不同的温度膨胀系数，因此，存在温升时马达重心自然会变化。

7.2.2 马达振动对陀螺定向的影响

由于陀螺马达的重心变化，将使马达转子转动不平衡，以致产生强迫力矩，引起振动。当然由于各个马达的参数不完全相同，因此，它们振动的振幅和频率也不相同。当陀螺马达做高频振动时，带着陀螺房、悬挂柱、配重块一起振动。振动产生的影响是陀螺灵敏部所受外力矩的大小和方向改变，即改变了陀螺轴进动的速度和方向，降低了仪器的精度，且陀螺轴摆动周期增长，延长了观测时间。振动严重时，通过光学系统无法观测到清晰的陀螺光标，看到的只是一条快速闪动的光带。既然不能观测到陀螺轴的真实摆动，自然陀螺仪的定向也就不可能了。

7.2.3 改进措施

由于马达振动会对陀螺定向产生严重的影响，因此，为了提高陀螺经纬仪定向的精度及稳定性，必须消除或削弱陀螺马达的振动，具体可采取以下措施：

（1）选用温升小、功耗少的直流无刷马达，有利于重心稳定，从而减少振动。

（2）马达应在结构上完全对称，其材料要用等膨胀系数的，马达轴向与径向间隙一定要小；马达两端端盖要采用能补偿变形的薄壁零件，这样有利于温升时马达重心位置稳定。

（3）在陀螺仪房体中增加一消振件，使这一消振件始终对陀螺仪起作用，最终达到消除振动的目的。消振件的安装，如图 7-1 中的虚线所示，其中在配重块上按严格的尺寸，几何要求封闭装入消振件，并保证改造后的配重块及消振件的总质量与原配重块的质量接近。作者在组装陀螺仪后起动陀螺马达，观测陀螺轴的摆动，结果发现陀螺房的摆动很平衡，没有振动现象，实测的受扭周期与设计周期也相近。由此

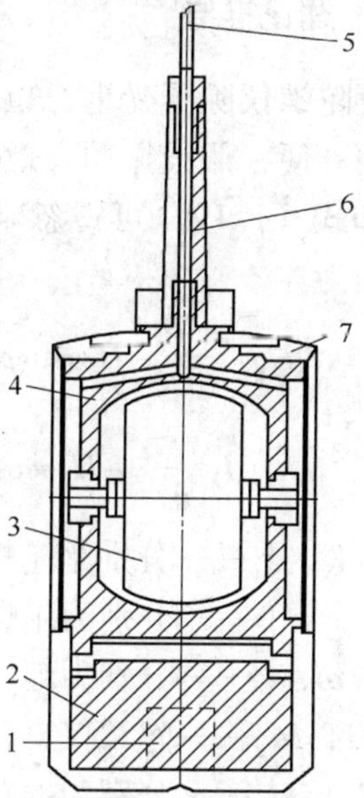

图 7-1 陀螺仪剖面

1—减振子；2—配重块；3—马达；4—内房体；5—吊桥；6—悬挂柱；7—外房体

可见增加消振件可以改善系统的稳定性，尽管马达自身高频不等幅的振动无法消除，但陀螺房系统基本上无振动。

7.3 外界振动对陀螺定向的影响

当用陀螺经纬仪进行测量的时候，测量位置上的地面振动不可避免地会经悬挂带传到陀螺仪上，从而使陀螺仪在正常的运动之外附加其他运动，以致陀螺定向存在偏差。下面先进行理论推导，后提出一些改进措施。

7.3.1 理论推导[39]

设陀螺仪除了受重力矩之外，还受振动力矩的影响。为了讨论问题方便，假设振动力矩按简谐正弦规律变化，这时由式（1-17）和式（1-19）可得忽略空气阻力和悬挂带扭矩时的陀螺运动方程为

$$J_y \frac{d^2\beta}{dt^2} - \boldsymbol{H\omega}\sin\varphi + \boldsymbol{H}\frac{d\alpha}{dt} + \boldsymbol{M}_g\beta = \boldsymbol{M}_y\sin\lambda_y t \tag{7-1}$$

$$J_z \frac{d^2\alpha}{dt^2} - \boldsymbol{H\omega}\cos\varphi\sin\alpha - \boldsymbol{H}\frac{d\beta}{dt} = \boldsymbol{M}_z sin\lambda_z t \tag{7-2}$$

式中 J_y，J_z——分别是陀螺仪绕 y 轴、z 轴的转动惯量；

α，β——分别为陀螺运动的水平角及高度角；

$\boldsymbol{\omega}$，φ——分别为地球自转角速度和观测地点的纬度；

$\boldsymbol{H}$，$\boldsymbol{M}_g$——陀螺仪自转动量矩和重力矩；

$\boldsymbol{M}_y$，$\boldsymbol{M}_z$——分别为振动在 y 轴、z 轴上的力矩幅值；

λ_y，λ_z——分别为振动在 y 轴、z 轴上的力矩变化角频率。

式（7-1）两边对时间微分，且忽略$\frac{d^3\beta}{dt^3}$得

$$\frac{d\beta}{dt} = \frac{\boldsymbol{M}_y\lambda_y\cos\lambda_y t}{M_g} - \frac{\boldsymbol{H}d^2\alpha}{\boldsymbol{M}_g dt^2} \tag{7-3}$$

把式（7-3）代入式（7-2），同时，取 $\sin\alpha\approx\alpha$，整理方程得

$$\left(J_z+\frac{\boldsymbol{H}^2}{\boldsymbol{M}_g}\right)\frac{d^2\alpha}{dt^2}-\boldsymbol{H}\boldsymbol{\omega}\cos\varphi\alpha=\frac{\boldsymbol{H}\boldsymbol{\lambda}_y\boldsymbol{M}_y}{\boldsymbol{M}_g}\cos\boldsymbol{\lambda}_y t+\boldsymbol{M}_z\sin\boldsymbol{\lambda}_z t \tag{7-4}$$

解非齐次方程（7-4）得它的齐次方程的通解为

$$\alpha_1=C_1\cos bt+C_2\sin bt \tag{7-5}$$

式中，C_1、C_2为由初始条件确定的常数。

$$b=\sqrt{\boldsymbol{H}\boldsymbol{\omega}\cos\varphi\left(J_z+\frac{\boldsymbol{H}^2}{\boldsymbol{M}_g}\right)\Big/\left(J_z+\frac{\boldsymbol{H}^2}{\boldsymbol{M}_g}\right)}$$

特解为

$$\alpha_2=-\frac{\boldsymbol{H}\boldsymbol{\lambda}_y\boldsymbol{M}_y}{\boldsymbol{M}_g\boldsymbol{\omega}\cos\varphi}\cos\boldsymbol{\lambda}_y t-\frac{\boldsymbol{M}_z}{\boldsymbol{H}\boldsymbol{\omega}\cos\varphi}\sin\boldsymbol{\lambda}_z t \tag{7-6}$$

因此陀螺运动方程的全解为

$$\alpha=\alpha_1+\alpha_2=C_1\cos bt+C_2\sin bt-\frac{\boldsymbol{H}\boldsymbol{\lambda}_y\boldsymbol{M}_y}{\boldsymbol{M}_g\boldsymbol{\omega}\cos\varphi}\cos\boldsymbol{\lambda}_y t-\frac{\boldsymbol{M}_z}{\boldsymbol{H}\boldsymbol{\omega}\cos\varphi}\sin\boldsymbol{\lambda}_z t \tag{7-7}$$

式中，α_1 为陀螺的正常摆动运动，α_2 是由于振动力矩所产生的对陀螺摆动中值有影响的附加运动。

7.3.2 改进措施

由式（7-7）可以看出，当存在简谐振动力矩时，陀螺的运动除正常摆动之外，还附加章动运动。如果章动运动达到一定程度时将干扰正常的陀螺摆动，将无法进行陀螺定向。为了减少振动对陀螺定向的影响，可采取如下措施：

（1）从仪器结构上进行衰减，即在南北平面内的摆动振动可通过在陀螺房周围隔一层很薄的空气，然后再加上屏蔽层的相对阻尼法进行衰减，因为陀螺摆动对于壳体的相对运动振动能量可通过空气摩擦而减少。东西平面内的摆动可由电子转换控制器，在直流陀螺马达转子上加适当的反力矩来衰减，这个原理基本上与借助控制阻尼质量的惯性阻尼法相当。

（2）陀螺定向的地点要远离振动源。

8 结论与建议

8.1 结论

针对国产陀螺经纬仪定向精度及稳定性问题，作者进行了系统的理论分析和实验研究[40]，并提出了提高陀螺经纬仪定向精度及稳定性的具体措施。通过研究分析可得到以下结论：

（1）用达朗伯原理推导陀螺定向运动方程要比用欧拉动力学方程式推导简便、直观。

（2）对于新出厂的陀螺经纬仪，为了保证其质量，应检验以下项目：

1）陀螺仪连接误差。

2）悬挂带弹性质量稳定性。

3）悬挂带零位稳定性。

4）磁屏蔽防护质量稳定性。

5）电压稳定性。

6）频率稳定性。

7）动量矩稳定性。

8）陀螺摆动中值稳定性。

9）不同环境温度下的仪器常数稳定性。

10）仪器常数时间稳定性。

（3）由于陀螺经纬仪定向精度及稳定性是个模糊概念，因此可用模糊数学原理对陀螺经纬仪的稳定性进行综合评价。

为了评价陀螺经纬仪的稳定性，首先确定了悬挂带零位变化、陀螺摆动中值稳定性、磁屏蔽防护质量稳定性为影响陀螺经纬仪稳定性的主要因素；其次建立了陀螺经纬仪稳定性评价数学模型；然后对几台陀螺经纬仪进行了检测；最后通过计算分析可知，检测的FT90、改进的TJ84以及两台JT15陀螺仪均属于稳定性仪器，GAK－1陀螺仪属于很稳定性仪器，而一台JT15陀螺仪属于不稳定性仪器。

（4）陀螺经纬仪的定向精度及稳定性在很大程度上取决于零位稳定性，而零位稳定性又与悬挂带、导流丝、陀螺马达、温度等有着密切的关系。

悬挂带的材料、性能、热处理工艺、悬挂带尺寸对零位都有影响。为使悬挂带零位稳定，悬挂带的合应力应处于比例极限的1/2左右，悬挂带的最佳宽厚比为$2\sqrt{GS/P}$。

导流丝的材料、结构和安装对零位都有影响。为使零位稳定，应采用径向结构圆形导流丝，且应成对配置，当然如果能取消导流丝零位将更加稳定。

陀螺马达转子的角位置与零位值有一一对应关系，这个关系不随马达是顺转还是逆转而改变。由于定向时锁放灵敏部是任意的，也就是说马达引起零位的变化也是随机的，因此为了消除陀螺马达对零位的影响，必须在马达外增加几层内磁屏。

环境温度变化也会影响悬挂带零位值，其原因是随着温度改变，悬挂带工作长度及弹性模量均会发生变化，从而产生相对误差。为了减少温度对零位的影响，可采取以下两种措施：

1）尽量选择地面与地下温差较小时进行陀螺定向。

2）尽可能用线膨胀系数小的弹性元件作灵敏部的零部件。

（5）对陀螺经纬仪来说，温度变化包括两方面，一方面是陀螺仪内部产生的温升，另一方面是陀螺定向时外界温度的变化。

陀螺仪内部温升是由于陀螺马达高速旋转，克服风阻力矩造成的功率损耗所引起的，它的大小与陀螺转子的尺寸、结构、充气介质、转速等有关。

由于存在温升，因此，当陀螺马达的材料线膨胀系数不相同时，陀螺灵敏部的重心会发生移动，从而产生一个外加重力矩，结果使陀螺仪的摆动中值漂移。为了减少陀螺仪的内部温升，提高陀螺经纬仪定向精度及稳定性，可采取以下措施：

1）选用性能稳定、效率高、温升小的直流无刷马达。

2）制作陀螺马达的材料，其线膨胀系数应大致相等，马达的轴向与径向间隙要小，马达两端端盖要采用能补偿变形的薄壁零件，这样有利于重心稳定。

外界环境温度的变化会影响陀螺北方向值，其结果可用$\frac{\boldsymbol{H}}{Pl^2}\tan\varphi\frac{\mathrm{d}l}{\mathrm{d}t}$来计算。为了消除或减少温度变化的影响，可采取以下措施：

1）改进陀螺仪的结构设计和材料选择，并且注意陀螺仪零部件的稳定性处理，消除零件材料的内应力，以提高灵敏部重心对温度变化的稳定性；

2）求出陀螺仪仪器常数与温度变化的函数关系式，对观测值施加温度改正；

3）尽量选择地面与地下温差较小时进行陀螺定向。

（6）陀螺马达转速稳定性对陀螺定向有影响，其结果可用公式$\frac{J}{\boldsymbol{M}}\tan\varphi\frac{\mathrm{d}\boldsymbol{\omega}}{\mathrm{d}t}$来计算。当陀螺仪采用三相异步电动机时，其输出电压和频率的稳定性都会影响转速的稳定性，而当采用直流无刷马达时，只有频率对转速有影响，电压影响可忽略。为了保证陀螺马达的转速稳定性，提高陀螺定向精度及稳定性，可采用以下措施：

1）选直流无刷马达作为陀螺转子，并要求马达质心稳定、无振动。

2）用晶体振荡器作控制马达供电频率的基准。

3）选用温度系数小的优质材料做电路的元器件。

4）减少负载对电路的影响。

5）稳定电源、使晶体管工作点及参数稳定。

（7）磁场强度对陀螺定向的影响取决于两方面的因素：一是磁屏蔽防护质量的稳定性，二是磁场强度的大小。

通过用直流磁场和交流磁场对陀螺经纬仪的实验研究和理论分析可知：

1）无论是直流磁场还是交流磁场均影响陀螺仪的悬挂带零位值和不加零位改正的陀螺北方向值，并且磁场强度越大，影响程度也就越大。

2）当交流磁场源方向不同时，同样大小的磁场强度对悬挂带零位和不加零位改正的陀螺北方向值的影响不相同。

3）加入零位改正后的陀螺北方向值基本上不受外界磁场的影响。

为了减少磁场对陀螺定向精度及稳定性的影响，可采取以下措施：

1）从仪器结构上加以改造，即增加屏蔽层数、屏蔽罩上下增加防磁底盘，另外，注意防磁筒的材料和热处理工艺。

2）应避免在磁场强度大的地方定向。

3）定向时一定要加入零位改正。

（8）陀螺马达由于温升等因素的影响，将使重心位置发生变化，从而引起马达转子转动不平稳，由此产生强迫力矩，引起陀螺马达振动。振动产生的影响是陀螺灵敏部所受外力矩的大小和方向改变，即改变了陀螺轴进动的速度和方向，从而降低仪器的精度和稳定性。振动严重时通过光学系统无法观测到清晰的陀螺光标，看到的只是一条快速闪动的光带。为了消除或消弱陀螺马达的振动，可采取以下措施：

1）选用温升小、功耗少的直流马达。

2）陀螺马达在结构上应完全对称，其轴向与径向间隙要小，重心位置要稳定。

3）在陀螺仪房体中增加一消振件。

（9）当用陀螺经纬仪进行定向时，测量位置上的地面振动不可避免地会经悬挂带传到摆式陀螺仪上，根据陀螺运动方程可知，地面振动使得陀螺仪在正常摆动之外，附加有章动运动，从而使陀螺定向存在较大偏差。为了消除或消弱外界振动对定向的影响，可采取以下措施：

1）从仪器结构上进行改进，即采用相对阻尼法和惯性阻尼法进行衰减。

2）定向时要远离振动源。

8.2 进一步提高国产陀螺仪定向精度及稳定性的建议

通过对陀螺经纬仪的实验和研究分析，为了进一步提高国产陀螺经纬仪的精度及稳定性，可从以下几个方面着手：

（1）提高陀螺马达质量，即无论是采用直流无刷马达，还是交流电动机，都要求马达在设计适应环境温度下，温升小、功耗少、运转平稳、动平衡好。

（2）选择优质材料来做陀螺仪的零部件，并且注重材料时效处理，以消除内应力影响。

（3）提高电源的稳定性。

（4）提高制造工艺水平。

（5）采用自动化观测手段，减少观测误差。

参考文献

[1] 煤炭科学研究总院唐山分院陀螺经纬仪组．陀螺经纬仪基本原理、结构与定向［M］．北京：煤炭工业出版社，1982.

[2] 张学庄．提高陀螺经纬仪定向效率的方法［J］．测绘工程，2006，15 (1)：1～5.

[3] 沈志明，张则宇，刘智超．Gyromat－2000 陀螺经纬仪的应用［J］．海洋测绘，2006（5）：68～70.

[4] 白云超，刘思伟，田育民．自动陀螺经纬仪阻尼力矩器的设计［J］．西安科技大学学报，2009，29（6）：752～755.

[5] 段太生．AGP1 自动陀螺全站仪测量系统及应用［J］．测绘通报，2002 (7)：64～67.

[6] 张冠宇，李宗春，李广云，等．Y/JTD－1 下架式陀螺全站仪快速定向［J］．测绘科学，2007，32（4）：173～174.

[7] 于来法．陀螺定向测量［M］．北京：解放军出版社，1988.

[8] 范俊智．陀螺经纬仪的阻尼法稳定测量［J］．矿山测量，1995（2）：8～10.

[9] 范俊智．陀螺经纬仪三点测时快速定向法［J］．测绘学报，1988 (1)：65～69.

[10] 范俊智．陀螺经纬仪的多点测时法观测［J］．矿山测量，1990（2）：13～16.

[11] 欧自强．广义方差估计理论及其在测量中的应用［D］．长沙：中南工业大学，1991.

[12] 张海祥．陀螺经纬仪定向观测时悬挂带扭矩及零位改正问题的研究［J］．测绘学报，1990（4）：275～282.

[13] 夏桂锁，林明春，林玉池．1/4 周期积分法的陀螺智能寻北［J］．传感技术学报，2007（2）：1926～1929.

[14] 王建．AFS 自动陀螺定位定向系统在地铁中的应用［J］．工程勘察，2006（12）：69～71.

[15] 张则宇，沈志明，罗巍．高精度陀螺经纬仪在阵地定向测量中的应用［J］．中国惯性技术学报，2008（5）：548～552.

[16] 靳奉祥．陀螺定向数据处理模型研究［J］．矿山测量，1992（4）：11～15.

[17] 李清泉．陀螺经纬仪逆转点观测数据随机模型的研究［J］．测绘工程，1996（2）：39～44.
[18] 费学博．高等动力学［M］．杭州：浙江大学出版社，1991.
[19] 刘小生．陀螺定向运动方程的动静法推导［J］．地矿测绘，2000（3）：11～12.
[20] 刘小生．陀螺经纬仪稳定性检测［J］．勘察科学技术，2001（2）：49～53.
[21] 张国良．陀螺经纬仪定向［M］．徐州：中国矿业大学出版社，1988.
[22] 肖盛燮．模糊数学与工程应用［M］．成都：成都科技大学出版社，1993.
[23] 王琦．实用模糊数学［M］．北京：科学技术文献出版社，1995.
[24] 李庆海．概率统计原理和在测量中的应用［M］．北京：测绘出版社，1982.
[25] 刘小生．陀螺经纬仪稳定性综合评价［J］．煤炭学报，2000（4）：383～385.
[26] 胡志炎．陀螺经纬仪的悬挂带与零位［J］．测绘科技，1987（4）：43～46.
[27] H Φ 巴巴耶娃．陀螺仪表零件与元件［M］．北京：国防工业出版社，1965.
[28] 胡志炎．陀螺经纬仪的零位探微［J］．测绘科技通讯，1998（1）：43～45.
[29] 翁善臣．仪表弹性元件设计基础［M］．北京：机械工业出版社，1982.
[30] 万德均．陀螺仪器结构与设计［M］．北京：国防工业出版社，1981.
[31] 中华人民共和国能源部．煤矿测量规程［M］．北京：煤炭工业出版社，1989.
[32] 黄存忠．永磁陀螺马达在陀螺经纬仪中的应用［J］．测绘科技，1990（4）.
[33] 于来法．关于陀螺经纬仪定向中漂移问题的研究［J］．测绘学报，1987（1）：24～36.
[34] 刘洪奇．中等精度陀螺经纬仪最佳观测方法及环境温度变化对仪器常数影响规律的探讨［D］．长沙：中南工业大学，1989.
[35] DMT – institut für lagerstatte Vermessung und Angewandte Geophysik Oper-

ator's Guide Gyromat-2000，2004.
[36] 胡志炎．试析陀螺经纬仪的技术指标［J］．测绘科技，1989（2）：31~39.
[37] 刘小生．陀螺马达转速稳定性对陀螺定向影响的探讨［J］．四川测绘，1998（4）：176~178.
[38] 蒋庆仙．陀螺经纬仪房体的振动浅析［J］．测绘科技，1996（4）：35~37.
[39] 刘小生．振动对陀螺定向影响的探讨［J］．北京测绘，2001（1）：41~42.
[40] Liu Xiaosheng. Stability of gyrotheodolite［J］. Transactions of Nonferrous Metals Society of China，March，2005，9~13.

附录　几种自动化陀螺仪或陀螺全站仪简介

附录 A　Gyromat－2000 全自动精密陀螺仪

Gyromat－2000 全自动精密陀螺仪是德国 DMT 公司的产品，它可给出与地球磁场无关的十分精确的测量结果。在其内部，悬挂随机快速旋钮陀螺，由于陀螺本身自转、地球重力和地球自转的结果，而围绕北方向振荡。根据这个振荡，特殊的扫描系统能完全自动地并以很高的精度（1/1000gon 或 1.5cm/km）定出指北方向。附图 A-1 是 Gyromat－2000 全自动精密陀螺仪的外貌。

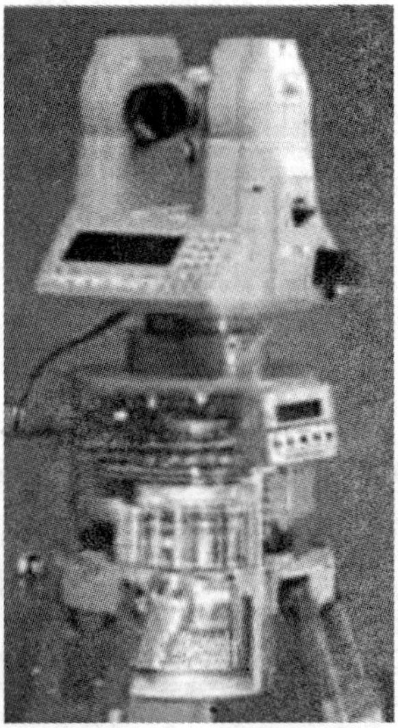

附图 A-1　Gyromat－2000 全自动精密陀螺仪

Gyromat－2000装备有3个测量程序，是完全自动操作的，不需要人工初步定向，它广泛地应用于控制性测量、地下隧道挖进和大地测量任务之中。

1　仪器技术指标

见附表A-1。

附表A-1

测量模式	A	B	C（人机交互模式）
测量精度/mgon	1（3s）	5（15s）	10（30s）
测量时间/min	9	5	2
电池容量所支持单独测量次数	20	30	40
操作温度/℃	－20～＋50		
操作范围/(°)	到纬度80		
尺寸和质量：Gyromat－2000（无经纬仪）	重16kg 中心直径215mm		
运输箱规格/mm×mm×mm	重9kg，300×300×710		
三角架规格/mm	重9kg，直径300		

2　仪器结构特点

（1）在单元内有高集成度的记忆装置，可记忆20～40个测量结果。

（2）有两个串行接口连接数字存储器和电子光学经纬仪。

（3）专用的光学经纬仪设备。

（4）综合性的测量功能。

（5）中间值和检查结果输出，标定常数控制输出，存储量显示。

（6）目标设置自动评估，方位自动输出。

（7）双操纵台。
（8）菜单控制测量过程。
（9）综合性备件。
（10）很高的测量精度。
（11）很短的测量时间。
（12）完全自动化的测量过程。
（13）集成式的测量数据记忆。
（14）不需初始定向。
（15）集成式的测量程序。
（16）特殊的光学经纬仪。
（17）操作非常方便。
（18）最佳价格/性能比。

附录B Gyromat－3000全自动精密陀螺仪

Gyromat－3000全自动精密陀螺仪是德国DMT公司的产品，它可给出与地球磁场无关的十分精确的测量结果。在其内部，悬挂随机快速旋钮陀螺，由于陀螺本身自转、地球重力和地球自转的结果，而围绕北方向振荡。根据这个振荡，特殊的扫描系统能完全自动地并以很高的精度（1/1000gon或1.5cm/km）定出指北方向，附图B-1是Gyromat－3000全自动精密陀螺仪的外貌。

Gyromat－3000装备有3个测量程序，是完全自动操作的，不需要人工初步定向，Gyromat－3000是依据最新的技术开发研制的，它广泛地应用于控制性测量地下隧道挖进和大地测量任务之中。

1 仪器主要技术指标

见附表B-1。

附图 B-1　Gyromat –3000 全自动精密陀螺仪

附表 B-1

测量模式	A	B	C（人机交互模式）
测量精度/mgon	1（3s）	10（30s）	与操作有关
测量时间/min	10	2	与操作有关
电池容量所支持单独测量次数	25	50	与操作有关
操作温度/℃	–20 ~ +50		
操作范围/（°）	到纬度 80		
尺寸和质量：Gyromat –3000（无经纬仪）	重 11.5kg 中心直径 215mm		
运输箱规格/mm × mm × mm	重 26kg 460 × 460 × 800		
三角架规格/mm	重 8kg，直径 300		

2 仪器结构特点

（1）在单元内有高集成度的记忆装置，可记忆 25～50 个测量结果。

（2）有三个串行接口连接数字存储器和电子光学经纬仪和其他设备。

（3）专用的光学经纬仪设备。

（4）无线遥控和蓝牙数据传输。

（5）综合性的测量功能。

（6）中间值和检查结果输出，标定常数控制输出，存储量显示。

（7）目标设置自动评估，方位自动输出。

（8）双操纵台。

（9）菜单控制测量过程。

（10）综合性备件。

（11）很高的测量精度。

（12）很短的测量时间。

（13）完全自动化的测量过程。

（14）集成式的测量数据记忆。

（15）不需初始定向。

（16）集成式的测量程序。

（17）特殊的光学经纬仪。

（18）操作非常方便。

（19）最佳价格/性能比。

附录 C AGP1 全自动陀螺全站仪

AGP1 全自动陀螺全站仪是日本索佳公司生产的，它由自动陀螺仪和 SET3B 全站仪组成，附图 C-1 为 AGP1 全自动陀螺全站仪的外貌。

图 C-1 AGP1 全自动陀螺全站仪

1 仪器主要技术指标

1.1 陀螺仪主要技术指标

（1）陀螺仪尺寸及质量：300mm×300mm×440mm，10.4kg。

（2）AGP1 电动机：电子指令控制的直流电动机，加速功率 1.0W。启动时间约 25s，制动时间小于 30s。

（3）陀螺仪机体：防压机体，内含陀螺电动机，电子驱动部件，电源等，重力矩 2NW，质量 1.8kg。

（4）悬挂带：防断裂悬挂带。

（5）陀螺仪摆动周期：150～160s。

（6）带摆动周期：50～55s。

（7）根据所需精度要求的不同，AGP1 提供有三种测量模式。无论用哪种测量模式操作，仪器都可在短时间内向操作者提供测量结果。见附表 C-1。

附表 C-1

模式种类	标准差①/（″）	测量时间/min
模式 1	±6	约 10
模式 2	±32	约 2
模式 3	±16	约 4

①所指的标准差为陀螺仪和全站仪的综合精度。

1.2 SET3B 全站仪主要技术指标

见附表 C-2。

附表 C-2

<table>
<tr><td rowspan="2">角度测量</td><td>最小显示</td><td>1″或 5″可选</td></tr>
<tr><td>测角精度（标准差）</td><td>±3″（水平角和垂直角）</td></tr>
<tr><td rowspan="2">距离测量</td><td>AP01 单棱镜测程</td><td>2500m（良好气象条件）</td></tr>
<tr><td>测距精度（标准差）</td><td>$\pm(3+3\times10^{-6}\times D)$ mm
（D 为经过改正后的距离值）</td></tr>
<tr><td>内置软件主要功能</td><td colspan="2">后方交会、测站点转换、三维坐标测量、对边测量、悬高测量、偏心测量等</td></tr>
<tr><td>其　他</td><td colspan="2">双轴补偿器、100 点坐标存储、角度单位和纬度单位可选</td></tr>
</table>

2 仪器特点

AGP1 全自动陀螺全站仪不受时间、地点、通视和气象等条件的限制，不需要提供已知点就能快速确定正北方向。仪器操作简单，与普通的陀螺定向系统不同，设置完成后只需按一下键，就可自动进行正北方向的精确测定，测量结果数据直接显示在屏幕上，并可随时调出查看其他相关数据。

附录D Y/JTD－1陀螺全站仪

Y/JTD－1陀螺仪是中国人民解放军1001工厂（西安航光仪器厂）生产的全自动积分式陀螺全站仪，该厂生产的陀螺全站仪现已装备部队200余台（套）。该仪器能无依托，自主寻北，测定目标方位角，具有精度高、定向时间短，自动化程度高，配备各款全站仪等优点，寻北精度达5″，附图D-1为Y/JTD－1陀螺全站仪外貌。

附图D-1 Y/JTD－1陀螺全站仪

1 主要技术指标

见附表D-1。

附表D-1

定向精度	一次定向测量中误差≤5″
定向时间	一测回定向时间≤12min

续表 D-1

使用环境	温度/℃	-20 ~ +50
	相对温度/%	5 ~98
	储存温度/℃	-40 ~ +60
仪器质量/kg （不含全站仪）		15
仪器尺寸（宽×高）/mm×mm （不含全站仪）		230×450
可靠性		MTBF≥400h，MTTR≤30min
使用寿命		15 年（陀螺电动机 2000 工时更换）
定向方式		摆式下悬挂陀螺定向，积分法测量
自动化程度		全自动

2 仪器特性

（1）陀螺仪利用积分法测量，优于目前市场上的逆转点法设备，全自动实现快速高精度寻北。

（2）基准镜设置及零位修正程序，实现高精度定向。

（3）采用直流永磁陀螺电动机，陀螺旋转精度高，转动无死点，陀螺敏感部温升小。

（4）陀螺敏感部采用下挂式摆式陀螺，便于操作安装。

（5）多层磁屏机构屏蔽外部磁场，提高设备抗干扰能力。

（6）陀螺仪与全站仪采用合理、可靠的机械及通信接口处理。

（7）使用市场上多品牌全站仪，方便连接不同类型的全站仪产品。

（8）广泛应用于地下工程定向，盾构导向等工程中。

3 应用领域

（1）大型隧道贯通测量。

（2）地铁工程测量。

（3）矿山工程测量。

（4）导弹发射瞄准系统。

（5）炮兵阵地联测。

（6）建立方位基准及导航设备表校等领域。

附录E GAT高精度磁悬浮陀螺全站仪

GAT磁悬浮陀螺全站仪是长安大学测绘与空间信息研究所和中国航天科技集团公司经过联合科技攻关，摒弃了传统吊带技术模式，首次成功地将磁悬浮技术系统用于测绘工程仪器的国内第一台高精度磁悬浮陀螺全站仪。附图E-1为GAT磁悬浮陀螺全站仪的外貌，下面分别介绍其技术指标及系统特点、工作原理、关键技术、定向应用等。

1 主要技术指标及系统特点

1.1 性能指标

（1）定向误差：小于5″。

（2）寻北时间：8~10min。

（3）工作温度：-40~+50℃。

1.2 系统特点

（1）采用磁悬浮支撑技术、光电力矩反馈技术和精密测角回转技术。提高了仪器的使用寿命和测量稳定性。

（2）综合采用多项环境适应性技术，拓展了仪器的适用领域。

（3）数据可实时下载到外接存储设备中，便于进行事后分析和处理。

（4）操作便捷，寻北过程无需人工干预，无需零位观测。

附图 E-1 GAT 磁悬浮陀螺全站仪

（5）车载、强制对中或三脚架架设均可使用。

（6）针对不同市场需求开发了不同型号的 A、B、C 型系列产品。

2 工作原理

2.1 系统结构组成

如附图 E-2 所示为 GAT 陀螺全站仪的系统结构图。

2.2 磁悬浮陀螺寻北过程

当陀螺需要进行寻北定向时，电感线圈首先通电，在电磁场的作用下磁浮球被向上拉起，在连接杆的传动作用下，陀螺马达也被拉起，陀螺灵敏部处于悬浮状态；在指向力矩的作用下，陀螺旋转轴开始向子午线方向逼近，但是在底部力矩器施加的反向

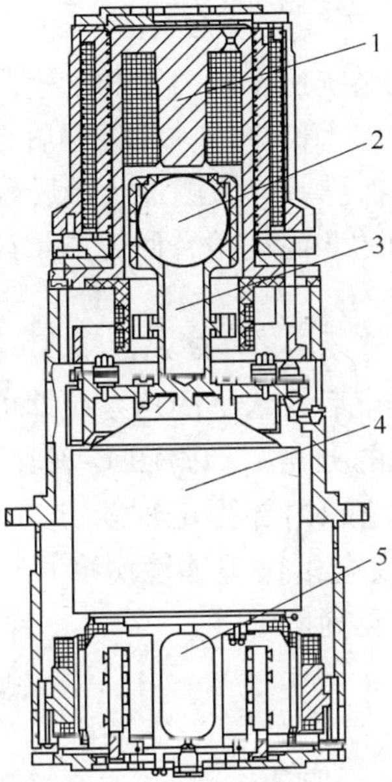

附图 E-2　GAT 磁悬浮陀螺全站仪系统结构

1—电感线圈；2—磁浮球；3—连接杆；4—陀螺马达；5—力矩器

力矩作用下使陀螺旋转轴达到平衡状态，固定在某一静止位置，此时力矩器施加的反向力矩与指向力矩大小相等、方向相反。通过反复观测力矩器测量的力矩值，得到海量力矩观测数据，从而可计算，指向力矩即

$$\boldsymbol{M}=\boldsymbol{H}\times\boldsymbol{\omega}_{\mathrm{e}}\cos\varphi\sin\alpha \qquad (附 E\text{-}1)$$

式中　$\boldsymbol{M}$——指向力矩；

$\boldsymbol{H}$——陀螺角动量；

$\boldsymbol{\omega}_{\mathrm{e}}$——地球自转角速度；

φ——测站点纬度；

α——陀螺旋转轴的北向偏角。

据此即可推算陀螺旋转轴的北向偏角

$$\alpha = \arcsin \frac{\boldsymbol{M}}{\boldsymbol{M} \times \boldsymbol{\omega}_{\mathrm{e}} \cos\varphi} \tag{附 E-2}$$

同时，为了消除系统性干扰力矩和水平测角系统偏心的误差影响，系统在进行完一个位置的寻北过程后，将陀螺旋转轴回转180°，从倒镜位置再次进行寻北测量，最后根据两个位置的寻北力矩计算陀螺旋转轴的北向偏角，回转测量计算公式如下

$$\alpha = \arcsin \frac{\boldsymbol{M}_1 - \boldsymbol{M}_2}{\boldsymbol{H} \times \boldsymbol{\omega}_{\mathrm{e}} \cos\varphi} \tag{附 E-3}$$

陀螺寻北测量结束后，水平测角系统即可给出正北方向与陀螺内部固定轴线方向的夹角。如附图 E-3 所示。*OT* 为陀螺确定的正北方向；*OM* 为陀螺内部固定轴线方向；*OL* 为全站仪水平度盘零位方向；*OC* 为全站仪望远镜照准目标的测线方向。GAT 陀螺全站仪定向原理见附图 E-3。

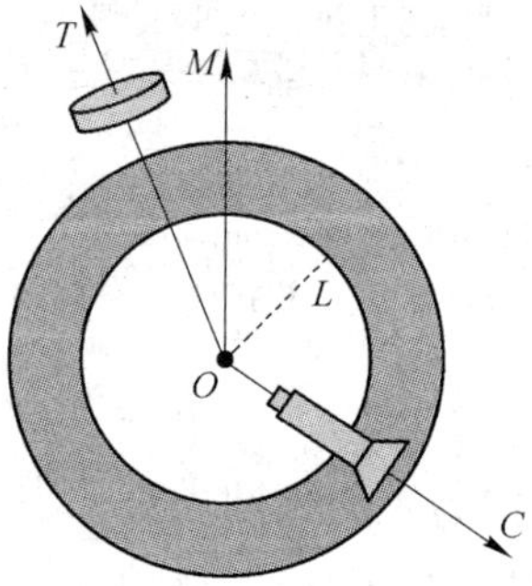

附图 E-3 GAT 陀螺全站仪定向原理

陀螺寻北测量结束后即可确定出$\angle TOM$，并确定串口输出角度测量值；再利用全站仪照准目标方向，依据方向法测量要求，测量目标方向线与全站仪水平度盘零位的夹角$\angle LOC$。于是

$$\angle TOM + \angle MOL + \angle LOC + \Delta_{仪} = A_{真} = \alpha + \gamma \tag{附 E-4}$$

这样，就可以通过在已知测线上与 $\alpha + \gamma$ 比对，从而确定

$$\angle MOL + \Delta_{仪} = \alpha + \gamma - \angle TOM - \angle LOC \tag{附 E-5}$$

其中，$\angle MOL$ 在仪器出厂时已通过仪器常数的标定，可以将其限定为一个很小的值，即通过度盘配置的方法使全站仪的水平度盘零位与陀螺内部的固定轴线方向重合，从而使 $\angle TOM + \angle LOC$ 即为陀螺方位角。

3　关键技术与优势

3.1　磁悬浮支撑技术

目前，国内外绝大多数陀螺经纬仪（全站仪）都采用悬挂带支撑技术，而悬挂带的性能（弹性极限、抗拉强度、弹性后效、耐腐蚀性、弹性模量的温度系数以及磁性等）将直接影响到陀螺的寻北精度。此外，悬挂带的零位稳定性、使用寿命以及运输后立即测量的精度保证也是目前国内此类陀螺仪的瓶颈问题。

随着科学技术的发展，新型高精度磁轴承支撑技术在实际中逐渐得到应用。相对而言，磁悬浮技术具有较高的系统设计难度，但其技术特点更适合为整机提供优良的输出轴环境，可以为陀螺寻北过程实现自动化提供保证。如附图 E-4 所示为 GAT 陀螺全站仪寻北本体部分的磁悬浮系统设计原理图。当磁悬浮线圈通电后，产生的磁力便会使衔铁及下面的陀螺灵敏部整体上浮，并处于悬浮状态。

由于陀螺灵敏部在寻北过程中处于无接触的悬浮状态，解决了传统机械轴承支撑所带来的摩擦干扰问题，并且也延长了陀螺的使用寿命。

3.2　测量稳定性技术

陀螺全站仪的稳定性主要体现在仪器常数的稳定性，而仪器常数的稳定性包括两个方面，一是长期稳定性，即较长的时间内仪器常数的变化量的大小；二是短期稳定性，主要是指仪器的运输适应性以及随机架设精度。为了保证仪器的运输适应性，当陀螺本体处于非工作状态时，采用 50N 的力将陀螺转子部分固定，以保证其中的结构原件不会因为运输过程中的颠簸而受到损害。

陀螺电动机转速的稳定性也是影响陀螺寻北精度的关键技术

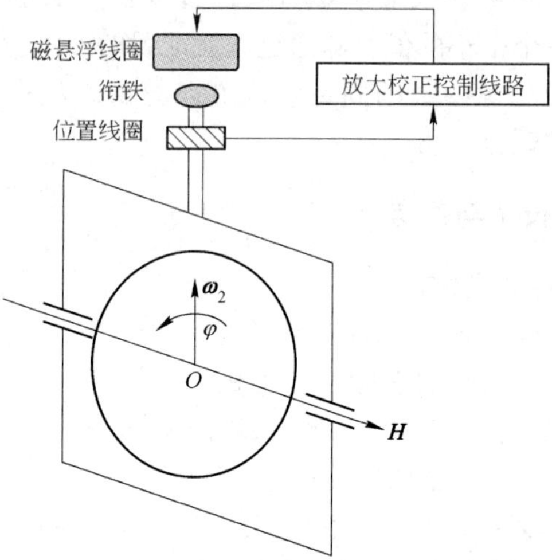

附图 E-4 磁悬浮系统设计原理图

之一，为控制陀螺电动机转速的稳定性，在设计中对其供电系统采用电流反馈、电压反馈和转速反馈等方法，实现了陀螺电动机高速稳定转动的目标。

在仪器的结构稳定性设计方面，采用高精度配对轴承，减少摩擦力矩波动性；敏感组件及随动壳体之间采用导电游丝完成电信号的连接，导电游丝采用较稳定的青铜丝合金制作并经过稳定性处理，从而保证了其微力矩的稳定性。此外，在陀螺本体中充入氮气，外部采用硅胶密封；陀螺房内充入氦气，以此提高系统整体的稳定性，也可以起到保护内部元器件，延长整机使用寿命的作用。

对于民用领域，如矿山、隧道系统中应用的一些磁性材料和元件以及电子器件，如果不加抗电磁干扰处理很难保证其在受到电磁干扰时工作的可靠性。对此，在设计之初就对整机的抗电磁干扰能力进行了分析，并采取相应措施，以消除外界电磁场对其精度造成的影响，如对接插件及电源板采取屏蔽措施、采用软磁材料构造的内部屏蔽罩等。

3.3 快速定向与测量自动化

陀螺定向是矿山生产和现代地下工程建设中的重要工作，而传统的陀螺定向需要耗费大量的时间，对操作人员的技术要求也十分严格。每次陀螺的下放都需要观测人员仔细认真的进行，稍有不慎就会破坏陀螺的摆幅运动影响陀螺定向的精度，甚至会使悬挂带断裂造成无法挽回的损失；而且在每次测前、测后都要进行悬挂带的零位观测，以防止陀螺在摆动过程中悬挂带与导电游丝的扭力矩发生变化；在测量过程中，无论是采用逆转点法观测或者中天法观测，都需要人工跟踪、读取逆转点或中天时间。

要满足现代地下工程建设的要求，在保证定向测量精度的同时必须提高陀螺寻北的速度，提高工作效率。GAT磁悬浮陀螺全站仪主要采用光电力矩式寻北法，在8min的时间里快速采集4万组力矩观测数据，并以此计算出陀螺马达轴线方向与地理子午线北方向的夹角，整个寻北过程方便、快捷，无需人工干预，完全避免了传统陀螺定向过程中的零位观测、陀螺下放和人工跟踪读数的繁琐过程。

GAT磁悬浮陀螺全站仪由于采用力矩反馈闭环观测系统和回转数据采集技术（一测回陀螺仪盘左、盘右各独立观测2万组独立观测数据，然后求取或是值），从而大大提高了仪器的观测精度，提高了仪器稳定性，同时在8min可采集4万组独立转子海量数据，便于特殊环境下数据滤波处理及陀螺定向事后数据分析处理。

在实现测量的自动化方面GAT磁悬浮陀螺全站仪借助全站仪提供的WindowsCE操作系统，实现了陀螺本体与全站仪之间的数据通信，将陀螺定向成果传输到全站仪，并直接参与定向计算，整个定向过程完全实现了可视化、自动化。

4 工程应用实例

4.1 测量任务

某矿山位于陕西省北部，是国家大型的煤炭生产企业。为保证该煤矿井下生产的顺利进行，长安大学及航天部一院十六所惯性技术与智能测量工程研究中心采用 GAT 高精度磁悬浮陀螺全站仪对该煤矿 S1210 工作面胶动顺槽（SJ）中测线 SJ25→SJ26 与辅动顺槽（SF）中测线 SF25→SF26，以及主巷道内测线 2NF7 →2NF8 进行了陀螺定向测量。

4.2 测量方案

依据《煤矿测量规程》中（第 62 条）关于陀螺经纬仪定向测量的有关规定：

（1）在地面已知边上采用两测回（或三测回）测量陀螺方位角，求得两个（或三个）仪器常数。

（2）在井下定向边上用两测回测量陀螺方位角。

（3）返回地面后，在原已知边上再用两测回（或三测回）测量陀螺方位角，再求得两个（或 3 个）仪器常数。

此次定向测量使用的 GAT 磁悬浮陀螺全站仪，标称定向精度为 5″，因此要求同一边任意两测回测量陀螺方位角的互差不得超过 10″；对于超限数据应在现场予以补测。

4.3 陀螺定向测量

根据测区的地理位置，在实测过程中输入的纬度值为：39.0。

（1）仪器常数标定测量。仪器常数标定测量，选取地面控制网中 NF02→NF03 两个控制点构成的测线进行仪器常数标定。实测数据见附表 E-1。

附表 E-1

测　线	N	Z		Acp
		盘左	盘右	
NF02→NF03	358 29 18	203 38 18	23 38 09	202 07 31
		203 38 14	23 38 11	
	358 29 18	203 38 18	23 38 11	202 07 32
		203 38 13	23 38 12	
	0 33 03	201 34 35	21 34 31	202 07 36
		201 34 34	21 34 30	

（2）井下导线边定向测量。根据现场采集数据，井下定向边各测回陀螺精寻北采样数据的散点图如附图 E-5 ~ 附图 E-7 所示。

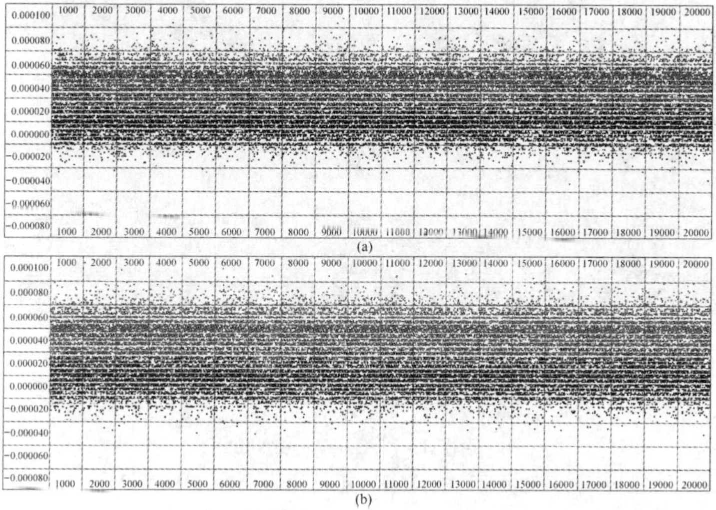

附图 E-5　SJ25→SJ26

（a）寻北结果：0 25 59；（b）寻北结果：0 25 58

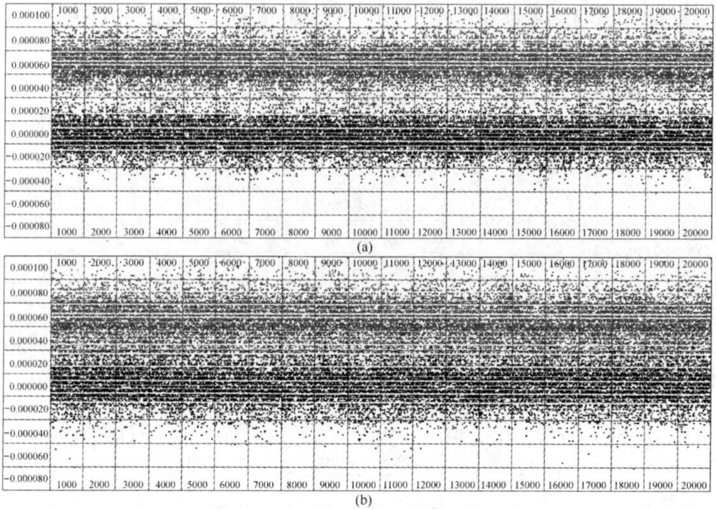

附图 E-6　SF25 →SF26

（a）寻北结果：358 25 27；（b）寻北结果：358 25 26

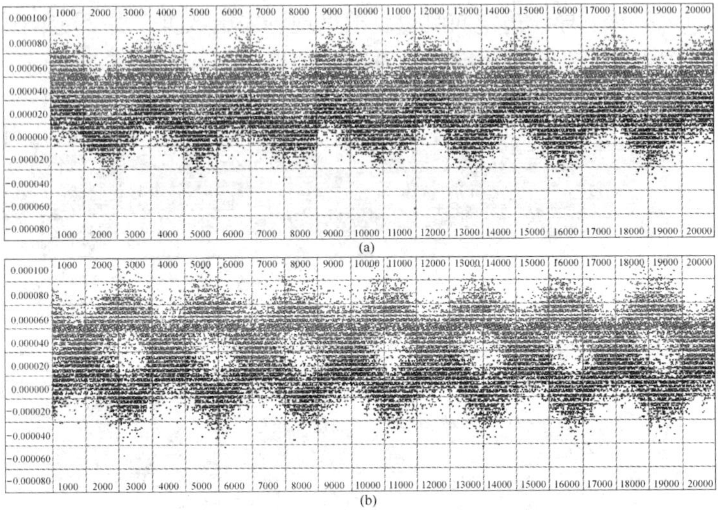

附图 E-7　2NF7 →2NF8

（a）寻北结果：359 52 22；（b）寻北结果：359 52 25

从上述数据散点图可以看出，在井下三条陀螺定向边采集的数据分布较为均匀，无明显的外界振动干扰，数据质量及成果可靠，再通过全站仪测量，可得井下各定向边各测回的陀螺定向方位角，见附表 E-2。

附表 E-2

测　线	N	Z		Acp
		盘　左	盘　右	
SJ25→SJ26	0 25 59	182 28 30	2 28 21	182 54 25
		182 28 25	2 28 27	
	0 25 58	182 28 30	2 28 21	182 54 24
		182 28 25	2 28 27	
SF25→SF26	358 25 27	184 33 54	4 34 10	182 59 30
		184 34 04	4 34 03	
	358 25 26	184 34 05	4 34 02	182 59 24
		184 33 45	4 34 01	
2NF7→2NF8	359 52 22	183 08 50	3 08 42	183 01 08
		183 08 48	3 08 45	
	359 52 25	183 08 50	3 08 42	183 01 11
		183 08 48	3 08 45	

4.4　成果计算分析

（1）仪器常数计算及精度评定。根据甲方提供的地面控制点坐标，计算“NF02→NF03”的坐标方位角以及测站点子午线收敛角。再根据 $A=\alpha+\gamma$（式中，A 为测线的正北方位角；α 为测线的坐标方位角；γ 为测站点子午线收敛角，可通过《子午线收敛角系数表》计算得到）可得地面测线“NF02→NF03”的正北方位角为

$$A_{\mathrm{NF02\to NF03}}=202^\circ37'39'' \quad 0^\circ29'51''=202^\circ07'48''$$

再根据 $A=T+\Delta$（式中，T 为测线的陀螺定向值；Δ 为陀螺全站仪的仪器常数），结合陀螺的地面定向成果，可计算陀螺仪器常数见附表 E-3。

附表 E-3

<table>
<tr><th>测　线</th><th>陀螺方位角/(°′″)</th><th>正北方位角/(°′″)</th><th>仪器常数</th><th>V</th><th>VV</th></tr>
<tr><td rowspan="3">NF02→NF03</td><td>202 07 31</td><td rowspan="3">202 07 48</td><td>17</td><td>2</td><td>4</td></tr>
<tr><td>202 07 32</td><td>16</td><td>1</td><td>1</td></tr>
<tr><td>202 07 36</td><td>12</td><td>−3</td><td>9</td></tr>
<tr><td colspan="2"></td><td>平均值</td><td>15</td><td>Σ</td><td>14</td></tr>
<tr><td colspan="3">仪器常数一次测定中误差
$m_\Delta=\pm\sqrt{\frac{[VV]}{n-1}}=\pm\sqrt{\frac{14}{3-1}}=\pm2.6''$</td><td colspan="3">仪器常数最或是值的中误差
$M=\frac{m_\Delta}{\sqrt{n}}=\pm1.5''$</td></tr>
</table>

（2）洞内导线边定向成果计算。将上述计算得到的仪器常数，配合井下各定向边的陀螺定向成果，可得井下各导线边的地理方位角，见附表 E-4。

附表 E-4

测　线	陀螺方位角/(° ′ ″)	正北方位角/(° ′ ″)
SJ25→SJ26	182 54 25	182 54 40
SF25→SF26	182 59 27	182 59 42
2NF7→2NF8	183 01 10	183 01 25

根据甲方提供的井下导线点坐标，计算各条定向边的坐标方位角及测站点子午线收敛角，见附表 E-5。

附表 E-5

测站点	x	y	子午线收敛角/(° ′ ″)	坐标方位角/(° ′ ″)
SJ25	4317395.8384	431835.5841	- 0 29 42	183 24 27
SJ26	4317205.1878	431824.2328		
SF25	4317581.3286	431870.3999	- 0 29 41	183 29 45
SF26	4317444.4496	431862.0383		
2NF7	4319481.8814	431983.0568	- 0 29 39	183 31 08
2NF8	4319341.4324	431974.4204		

根据前面计算得到的井下各条陀螺边的正北方位角，由公式 $A=\alpha+\gamma$ 可以计算井下各条定向边的坐标方位值，详见附表 E-6。

附表 E-6

测　线	正北方位角/(°′″)	子午线收敛角/(°′″)	陀螺推算方位值/(° ′ ″)
SJ25→SJ26	182 54 40	- 0 29 42	183 24 22
SF25→SF26	182 59 42	- 0 29 41	183 29 23
2NF7→2NF8	183 01 25	- 0 29 39	183 31 04

4.5 结论与建议

根据上述计算成果，井下 3 条定向边的陀螺测定方位角与原坐标方位角比对情况见附表 E-7。

附表 E-7

测　线	陀螺推算方位值/(° ′ ″)	原坐标方位值/(° ′ ″)	较差值/s
SJ25→SJ26	183 24 22	183 24 27	5
SF25→SF26	183 29 23	183 29 45	22
2NF7→2NF8	183 31 04	183 31 08	4

冶金工业出版社部分图书推荐

书　名	作　者	定价(元)
池熔炼—连续烟化法处理有色金属复杂物料	雷　霆　等著	48.00
低品位硫化铜的细菌冶金	袁明华　等编著	22.00
锗的提取方法	雷　霆　等著	30.00
现代锗冶金	王吉坤　等著	48.00
湿法提锌工艺与技术	杨大锦　等编著	26.00
铟冶金	王树楷　编著	45.00
冶金熔体结构和性质的计算机模拟计算	谢　刚　等编著	20.00
硫化锌精矿加压酸浸技术及产业化	王吉坤　等著	25.00
冶金物理化学教程（第二版）	郭汉杰　编著	30.00
常用有色金属资源开发与加工	董　英　等编著	88.00
铬冶金	阎江峰　等编著	45.00
金属塑性成形力学原理	黄重国　等编著	32.00
金属及矿产品深加工	戴永年　主编	118.00
泡沫浮选	龚明光　编著	30.00
统计动力学及其应用	张太荣　编著	39.00
金属眼镜型材和加工工艺	雷　霆　等著	36.00
合金电子结构参数统计值及合金力学性能计算	刘志林　等著	25.00